彩图 1　岔尾黄颡鱼

彩图 2　光泽黄颡鱼

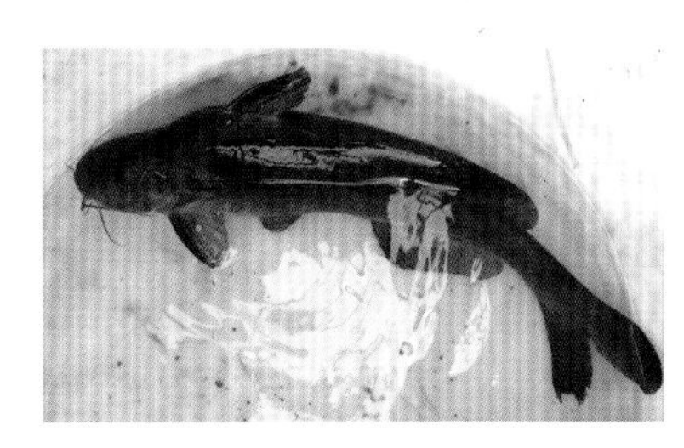

彩图 3　瓦氏黄颡鱼

彩图 4　黄颡鱼“全雄 1 号”

彩图 5　杂交黄颡鱼“黄优 1 号”

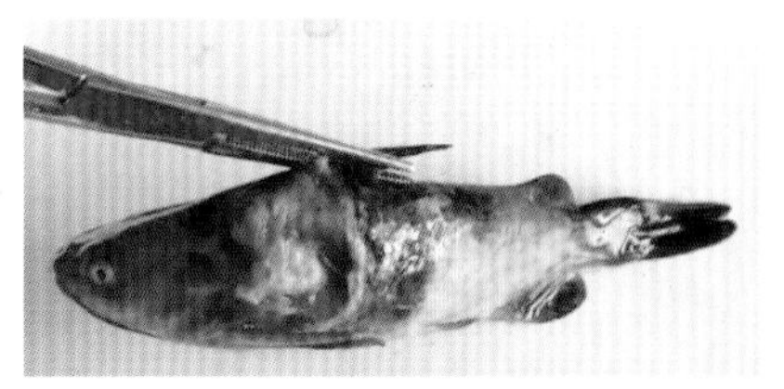

彩图 6　感染水霉病的鱼体

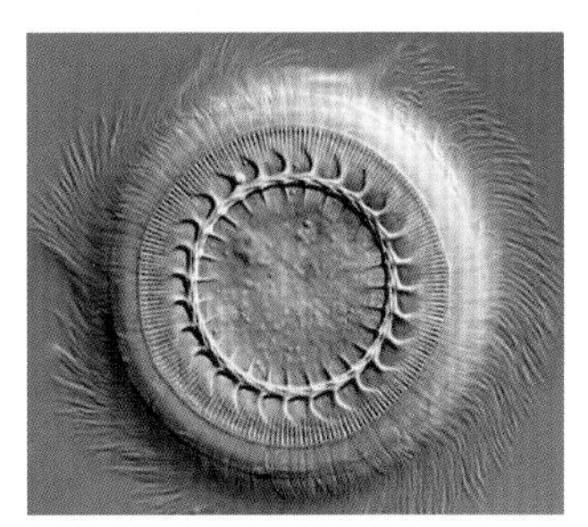

彩图 7　车轮虫

彩图 8　小瓜虫

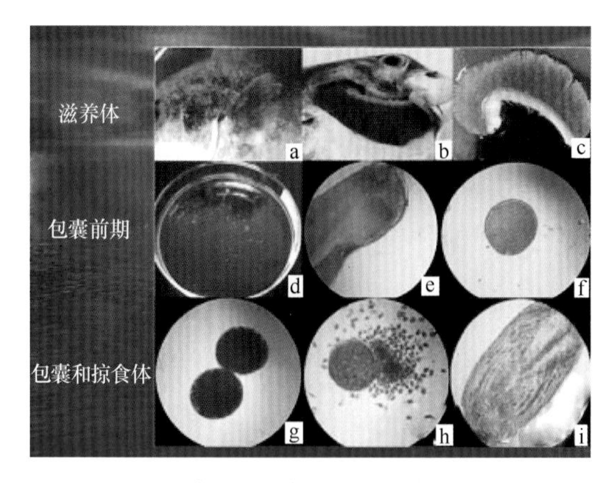

彩图 9　小瓜虫生活史

彩图 10　患小瓜虫病的鱼体

彩图 11　患腹水病的鱼体

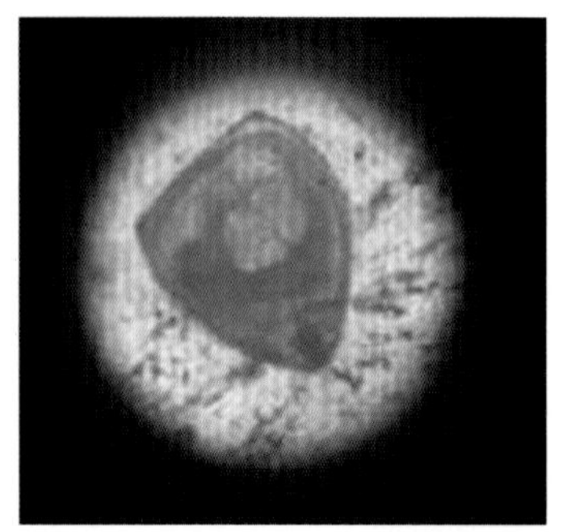

彩图 12　显微镜下的钩介幼虫

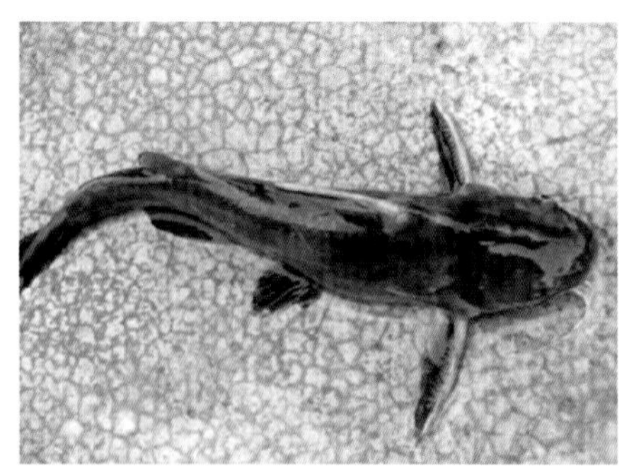

彩图 13　患红头病的鱼体

彩图 14　患肠炎病的黄颡鱼肠道充血

彩图 15　患溃烂病的鱼体

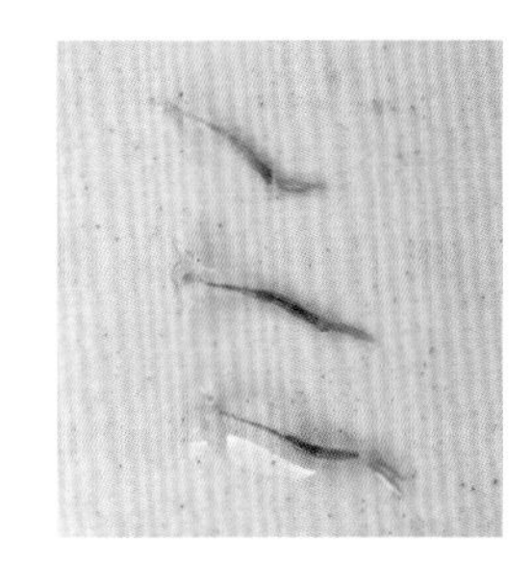

彩图 16　锚头鳋

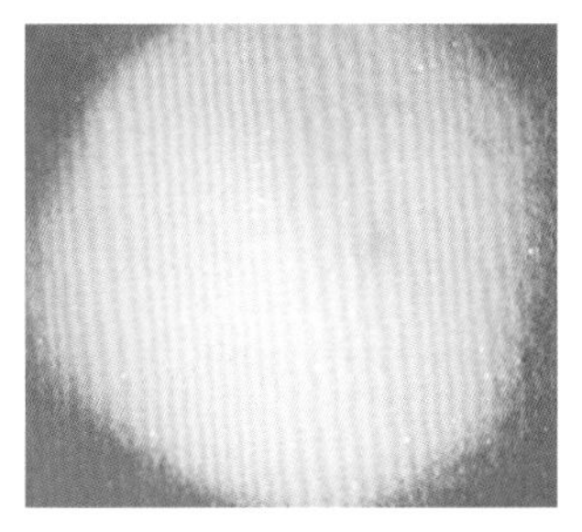

彩图 17　过氧化钙

彩图 18　亚硝酸盐过高

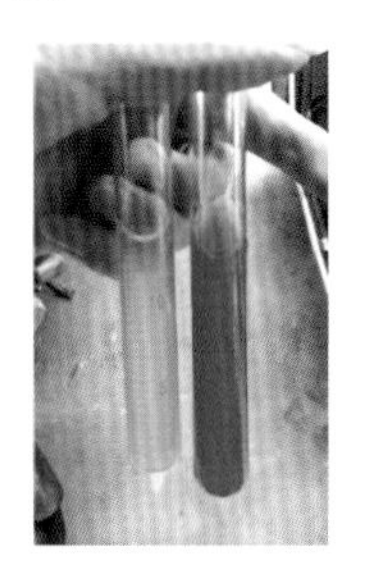

彩图 19　氨氮偏高

彩图 20　池塘蓝藻过度繁殖

彩图 21　以硅藻为主的水色

彩图 22　以绿藻为主的水色

彩图 23　瘦水

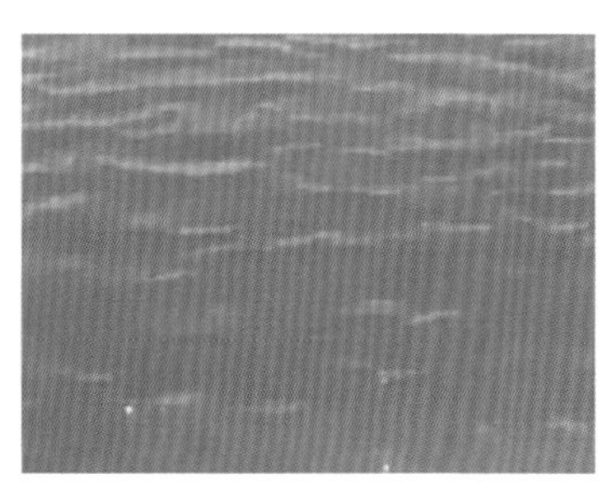

彩图 24　嫩水

彩图 25　肥水

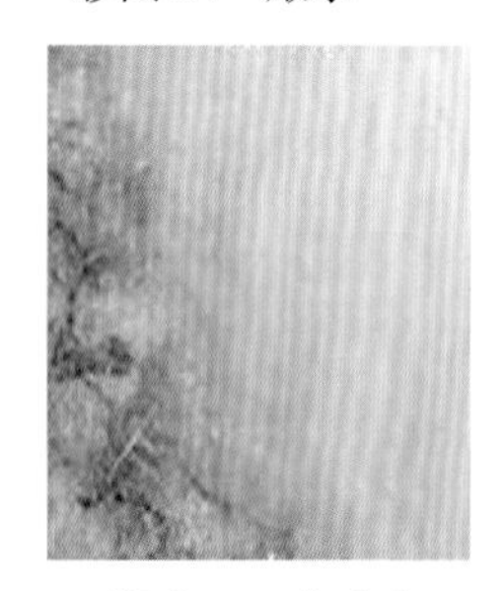

彩图 26　黄浊水

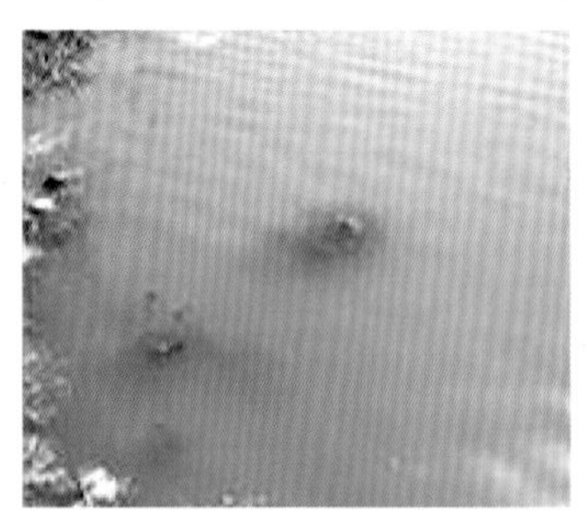

彩图 27　绿浊水

专家帮你
提高效益

怎样提高
黄颡鱼养殖效益

主　编　刘　炜
副主编　周国勤
参　编　茆健强　陈树桥　陆　健
　　　　唐忠林　尹绍武　王　涛

机械工业出版社

本书在剖析黄颡鱼养殖场、养殖户的认识误区和生产中存在的问题的基础上，就如何提高黄颡鱼养殖效益进行了全面阐述。主要内容包括：掌握黄颡鱼的生物学特性，做好黄颡鱼苗种繁育，提高苗种培育成活率，掌握苗种运输技术，了解黄颡鱼新品种，选择适宜的养殖模式，掌握黄颡鱼疾病防治技术，掌握黄颡鱼季节管理技术，掌握池塘水质底质控制技术，掌握现代渔业机械在黄颡鱼养殖中的应用，做好黄颡鱼的上市营销，黄颡鱼养殖典型实例。本书语言通俗易懂，技术先进实用，针对性和可操作性强。另外，本书附有大量的图片，可以帮助读者更好地掌握黄颡鱼养殖技术。

本书可供广大黄颡鱼养殖户和相关技术人员使用，也可供农林院校相关专业师生参考。

图书在版编目（CIP）数据

怎样提高黄颡鱼养殖效益/刘炜主编. —北京：机械工业出版社，2023.10
（专家帮你提高效益）
ISBN 978-7-111-74092-6

Ⅰ.①怎…　Ⅱ.①刘…　Ⅲ.①鲿科-淡水养殖
Ⅳ.①S965.199

中国国家版本馆 CIP 数据核字（2023）第 201581 号

机械工业出版社（北京市百万庄大街 22 号　邮政编码 100037）
策划编辑：周晓伟　高　伟　　责任编辑：周晓伟　高　伟
责任校对：宋　安　刘雅娜　　责任印制：单爱军
保定市中画美凯印刷有限公司印刷
2024 年 1 月第 1 版第 1 次印刷
145mm×210mm · 6.875 印张 · 2 插页 · 202 千字
标准书号：ISBN 978-7-111-74092-6
定价：39.80 元

电话服务　　网络服务
客服电话：010-88361066　　机　工　官　网：www.cmpbook.com
010-88379833　　机　工　官　博：weibo.com/cmp1952
010-68326294　　金　书　网：www.golden-book.com
封底无防伪标均为盗版　　机工教育服务网：www.cmpedu.com

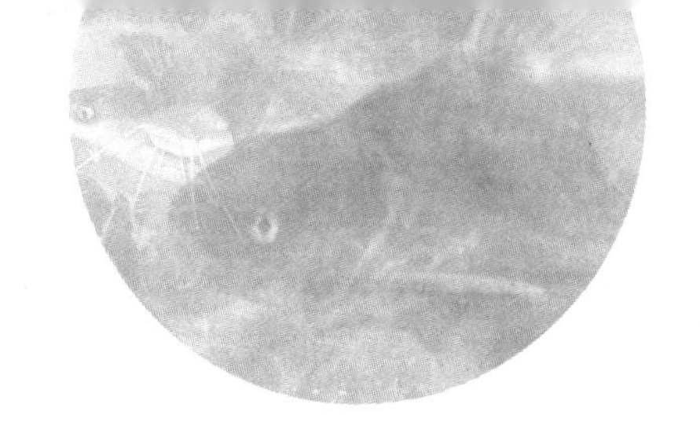

前　言 PREFACE

黄颡鱼又名黄丫头、昂公鱼、黄刺骨等，是我国近年来发展较快的淡水经济型养殖品种，分布广，除西部高原外，全国各水域均有分布。特别是在长江中下游的湖泊、池塘、溪流中广泛分布。其肉质细嫩、味道鲜美、营养价值高、无肌间刺、蛋白质含量丰富且具有滋补作用和药用价值，因此迅速得到人们的普遍认可，身价倍增，目前已成为高档紧俏的水产品。

由于黄颡鱼食性广、适应性强，在各类水域中均可养殖，且因其为底栖鱼类，适合与各种鱼混养，因此黄颡鱼人工养殖的规模迅速扩大。黄颡鱼池塘养殖、网箱养殖、池塘工程化生态养殖、混养及套养等多种养殖模式均取得了良好的养殖效益。人工育苗技术的发展及全国原种良种审定委员会审定的新品种黄颡鱼“全雄1号”和杂交黄颡鱼“黄优1号”的培育和推广，大大促进了黄颡鱼养殖行业的发展。此外，由于黄颡鱼耐运输，销售过程中损失极低，中间利润有保证，深受活鲜水产品流通商喜爱。近年来，黄颡鱼的国际出口市场逐渐打开，特别是日本、韩国市场，每年都从我国进口几百万千克的黄颡鱼商品鱼，且呈逐年递增的趋势。黄颡鱼的出口价格一直高于国内且不断攀升，但是药物残留检测较为严格，所需要的手续和检测报告相对烦琐，随着国内市场的监管与国际市场趋同，将会有越来越多的黄颡鱼销往国际市场。作为一种重要的经济鱼类，黄颡鱼以其生长周期短、群体产量高、经济效益高、适温性广的特点备受养殖业关注，成为广受养殖户欢迎的水产品种。广东、湖南、湖北、四川、江苏、

浙江等地现已成为黄颡鱼的主产地。

从20世纪90年代初期开始，我国南方和北方相继开始养殖黄颡鱼。经广大养殖户三十多年的实践探索及水产科研人员的辛勤努力，黄颡鱼养殖技术已经逐渐成熟和完善。据《渔业统计年鉴》统计，2018年起，全国黄颡鱼产量超过50万吨，产量仅次于草、鲢、鳙、鲤、鲫、鳊等大宗水产。未来几年全国范围内黄颡鱼的养殖量预计仍会增长。

南京市水产科学研究所自20世纪90年代开始联合国内外高校、科研院所开展了黄颡鱼野生亲本的驯养、繁殖、苗种规模化繁育研究。近年来，课题组先后承担黄颡鱼相关省市级项目十余项，其中获得了江苏省重点研发计划（现代农业）重点项目（BE2017377）、江苏省农业重大新品种创制项目（PZCZ2017042）、江苏省农业自主创新资金［CX（19）2034］、南京市科技计划（201716032）等科技计划的资助，形成了一系列的成果和有效措施。为满足广大养殖者养殖黄颡鱼的需要，帮助养殖者解决黄颡鱼养殖过程中出现的问题，进而提高黄颡鱼的养殖效益，我们编写了本书。

需要说明的是，本书所用药物及其使用剂量仅供读者参考，不能照搬。在实际生产中，所用药物学名、通用名与实际商品名称存在差异，药物浓度也有所不同，建议读者在使用每一种药物之前，参阅厂家提供的产品说明以确认药物用量、用药方法、用药时间及禁忌等。

本书总结了近年来黄颡鱼的养殖技术及养殖过程中存在问题的解决方案，并介绍了渔业发展的最新科技成果和全国各地不同模式养殖黄颡鱼的成功案例，供养殖户在养殖实践中参考，希望能对广大读者有所帮助。

由于编者水平有限，书中难免有疏漏或错误之处，恳请广大读者批评指正。

编　者

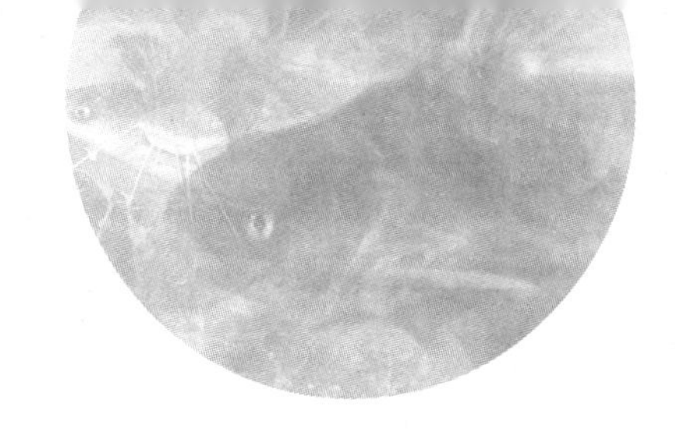

目 录 CONTENTS

第一章
掌握黄颡鱼的生物学特性

一、黄颡鱼的种类与形态特征

黄颡鱼（*Pelteobagrus fulvidraco*）属鲇形目，鲿科，黄颡鱼属，黄颡鱼属有4个种，分别为黄颡鱼、岔尾黄颡鱼、光泽黄颡鱼和江黄颡鱼（瓦氏黄颡鱼）。目前养殖对象主要是黄颡鱼，其次是江黄颡鱼。

1. 岔尾黄颡鱼

吻短，须4对；上颌须长，末端超过胸鳍中部。体无鳞。背鳍硬刺后缘具锯齿，有毒。胸鳍刺与背鳍刺等长，前、后缘均有锯齿；脂鳍短；臀鳍2~6，15~20；尾鳍深分叉。鼻须全为黑色（彩图1）。为江河、湖泊中常见鱼类，尤以长江中、下游湖泊为多。营底栖生活，食昆虫、小虾、螺蛳和小鱼等。

2. 光泽黄颡鱼

光泽黄颡鱼又名尖嘴黄颡、油黄姑，主要分布于长江水系。吻短、稍尖，须4对，上颌须稍短，末端不达胸鳍基部。背鳍刺较胸鳍刺长，后缘锯齿细弱；胸鳍刺前缘光滑，后缘带锯齿；腹鳍末端能达到臀鳍起点；脂鳍基部短于臀鳍基部，臀鳍2，21~25；尾鳍深分叉（彩图2）。一般栖息于江湖中、下层，白天很少活动，夜间外出觅食。食水生昆虫和小虾，全年摄食，在繁殖期摄食强度下降。光泽黄颡鱼一年可达性成熟，繁殖能力强，绝对怀卵数为992~5671粒。4~5月在近岸浅水区产卵。生殖时，雄鱼在水底掘成锅底形圆穴，上面覆盖水草，雌鱼产卵于穴中，雄鱼守候穴旁保护鱼卵发育。个体不大，常见体长为80~140毫米。

3. 瓦氏黄颡鱼

瓦氏黄颡鱼又名江黄颡鱼、硬角黄腊丁、江颡、郎丝、肥坨黄颡鱼、牛尾子、齐口头、角角鱼、嘎呀子。头顶覆盖薄皮，须4对，上颌须末端超过胸鳍基部。体无鳞。背鳍刺比胸鳍刺长，后缘具锯齿；胸鳍刺前缘光滑，后缘也有锯齿；腹鳍末端达臀鳍；脂鳍基部稍短于臀鳍基部；臀鳍2~4，17~23（彩图3）。瓦氏黄颡鱼为底层鱼类，江河、湖泊中均能生活，尤以江河为多。主食昆虫幼虫及小虾。在我国长江、珠江、黑龙江流域的江河、与长江相通的湖泊等水域中均有分布，均能形成自然种群，瓦氏黄颡鱼是我国江河流域水体中重要的野生经济型鱼类。其肉质细嫩、味道鲜美、无肌间刺、营养丰富，极受消费者欢迎。瓦氏黄颡鱼比黄颡鱼大得多，最大个体可达1.5千克以上。

4. 黄颡鱼

黄颡鱼体长，腹面平，体后半部稍侧扁，头大且扁平。吻圆钝，口裂大，下位，上颌稍长于下颌，上下颌均具绒毛状细齿。眼小，侧位，眼间隔稍隆起。须4对，鼻须达眼后缘，上颌须最长，伸达胸鳍基部之后。颌须2对，外侧一对较内侧一对为长。体背部黑褐色，体侧黄色，并有3块断续的黑色条纹，腹部淡黄色，各鳍灰黑色。黄颡鱼背鳍Ⅱ，6~8；臀鳍4~7，14~17；胸鳍Ⅰ，6~7；腹鳍Ⅰ，5~6；尾鳍分支鳍条14~16。背鳍部分支鳍条为硬刺，后缘有锯齿，背鳍起点至吻端较小于至尾鳍基部的距离。胸鳍硬刺较发达，且前后缘均有锯齿，前缘具30~45枚细锯齿，后缘具7~17枚粗锯齿。胸鳍较短，这也是和鲶鱼不同的一个地方。胸鳍略呈扇形，末端近腹鳍。脂鳍较臀鳍短，末端游离，起点约与臀鳍相对。鳃耙外侧12~17。游离脊椎骨38~39。体长为体高3.9~4.7倍，为头长3.2~4.3倍。头长为吻长2.8~3.9倍，为眼径4.3~6.1倍，为眼间隔1.7~2.5倍。尾柄长为尾柄高1.0~1.6倍。公母颜色有很大差异，深黄色的黄颡鱼头上刺有微毒。不同地理种群以及不同的样本，其形态特征略有差异。

二、黄颡鱼的生活习性

1. 栖息环境

黄颡鱼多栖息于缓流多水草的湖周浅水区和入湖河流处，营底栖生活，尤其喜欢生活在静水或缓流的浅滩处，且腐殖质及淤泥多的地方。白天潜伏在水底或石缝中，夜间出来活动、觅食，冬季则聚集于深水处。黄颡鱼适应性强，即使在恶劣的环境下也可生存，甚至离水5~6小时尚不致死。黄颡鱼较耐低氧，溶氧2毫克/升以上时能正常生存，低于2毫克/升时出现浮头现象，低于1毫克/升时，出现窒息死亡。黄颡鱼适于偏碱性的水域，最适范围pH为7.0~8.5，耐受范围pH为6.0~9.0。黄颡鱼对盐度耐受性较差，经过渡可适应2‰~3‰盐度，高于3‰时出现死亡。

黄颡鱼生存水温为1~38℃，低温0℃时出现不适反应，伏在水底很少活动，呼吸微弱，3天左右出现死亡。高温39℃时出现不适现象，鱼体失去平衡，头朝上，尾朝下，呼吸由快到弱，1天左右出现死亡。温度在8~36℃范围内对黄颡鱼成活率影响不大，而与生长有较大关系，低温时黄颡鱼虽能少量摄食，但基本不生长，其生长温度范围为16~34℃，最佳温度范围为22~28℃。对不同温度下黄颡鱼的摄食情况进行研究表明，黄颡鱼在人工养殖条件下，水温对其摄食有显著的影响，开始摄食水温为11℃。较低温度下，黄颡鱼摄食率随温度升高而升高，当温度上升达到29℃时，黄颡鱼摄食率则随温度升高而下降。黄颡鱼的最适摄食温度为25~28℃，摄食率为4.06%~4.36%。

2. 食性与摄食节律

黄颡鱼食性为杂食性，进食较凶猛。自然条件下以动物性饵料为主，鱼苗阶段以浮游动物为食，成鱼则以昆虫及其幼虫、小鱼虾、螺蚌等为食，也吞食植物碎屑。3~4月的黄颡鱼还大量吞食鲤鱼、鲫鱼等的受精卵。黄颡鱼的食谱较广，在不同的环境条件下，食物的组成有所变化。

黄颡鱼仔鱼孵出1~3天，体长5.0~8.0毫米，从自身卵黄囊吸取营养，行内源性营养。4天以后卵黄囊基本消失，体长8.1~9.0毫米，此时为仔鱼开口摄食阶段，主要摄食轮虫、小型枝角类及桡足类幼体，9.0毫米以上仔鱼完全以外界食物为食，行外源性营养。全长13.1~14.0毫米的仔鱼，随鱼体生长，口径增大，开始摄食大型枝角类及桡足类和一些原生动物。全长15.1毫米以上的仔鱼，则开始摄食更大的动物，如摇蚊幼虫及寡毛类等。所以黄颡鱼仔鱼摄食的变化规律为轮虫（小型枝角类、桡足类幼虫）、大型枝角类（桡足类）、摇蚊幼虫（寡毛类）。

虽然黄颡鱼的食性较广，但饵料组成都比较简单，不同的体长阶段都是以1~3种饵料生物为主，而且由浮动生物向底栖动物转变。

三、黄颡鱼的年龄与生长

黄颡鱼属小型鱼类，生长较慢，常见个体体重多为70~200克。在自然条件下，1龄鱼可长到25~50克，2龄鱼则可长到50~120克；而在人工饲养条件下，1龄鱼即可长到100~150克。黄颡鱼0~2龄为性成熟前的旺盛生长阶段，平均增长率较高。特别是0~1龄阶段生长最快，一般至1龄部分性成熟，2龄全部性成熟，3龄以后体长相对增长率递减明显，但由于性腺的发育，体重相对增长率递减缓慢。黄颡鱼仔鱼阶段生长较快，大致分为三个时期，即卵黄囊期（5~8毫米，生长较快）、开口摄食期到外源营养期（8~12毫米，生长较慢）、外源性营养期（12毫米以上，稳定生长）。

四、黄颡鱼的繁殖习性

在自然条件下，黄颡鱼为一年一次性产卵型鱼类，有集群繁殖的习性。繁殖时间在5月中旬至7月中旬，水温变化幅度为25~30.5℃。黄颡鱼一般2龄性成熟，部分黄颡鱼1龄也达性成熟。黄颡鱼绝对怀卵量2500~16500粒，平均4000粒，相对怀卵量58.33~77.77粒/克体重，平均65.71粒/克体重。黄颡鱼主要繁殖区域水位较浅，底质硬，有一定滩脚，透明度高，水流缓慢，饵料资源丰富，适宜黄颡鱼筑巢孵化。黄颡鱼的雌雄主要从第二性征加以鉴别，雌性个体腹鳍后面依次是肛门、生殖孔和泌尿孔，其中后面两孔靠得很近。雄性个体腹鳍后面依次是肛门和生殖突，生殖突末端的开口是泄殖孔。性成熟的雌鱼体型较短粗，腹部圆而饱满，富有弹性，将雌鱼从背部向上托起，外观上可以看到比较明显的卵巢轮廓，生殖孔明显，红肿略外突。性成熟的雄鱼一般大于雌鱼个体，在臀鳍前肛门后有明显的生殖突起0.5~0.8厘米，呈乳头状，略显红色，泄殖孔在生殖突末端。研究发现雌雄鱼的性腺发育节律基本一致，成熟系数从4月下旬开始急速上升，5月中旬达最高峰，雌鱼为26.8%，雄鱼为0.98%。解剖发现，在4月中旬以后，繁殖群体中多数鱼性腺达Ⅳ期（成熟前的一个期），卵子内卵黄大量沉积，大、中、小卵子群明显

可见；精巢乳白色，多分枝，饱满而亮泽。

1. 胚胎发育

黄颡鱼胚胎各个时期的发育特征（以鄱阳湖黄颡鱼为例），见表1-1。

表1-1 黄颡鱼胚胎发育分期及特征描述

分期	特征描述
成熟卵	成熟卵呈圆形，浅黄色，沉性，卵透明具黏性
胚盘形成	卵受精后4分钟吸水膨胀，带卵膜测定，卵径为1.8~2.2毫米。刚受精的卵黏性很强，外膜不易剥离。受精后32分钟，原生质向动物极集中形成胚盘
卵裂期	鄱阳湖黄颡鱼是多黄卵，为不完全卵裂或盘状卵裂。在水温25.5℃，pH=6.5时，历经3小时50分钟完成分裂，在卵黄上端堆积着许多分裂细胞，界线隐约可见，为桑葚期
囊胚形成	水温26.5℃，pH=6.7时，受精后3小时50分钟，细胞团分裂，细胞体积减小，细胞界线不清晰，在胚胎盘处形成高的囊胚隆起，形成高囊胚
原肠期	水温26.5℃，受精后7小时18分钟，由于胚层下包和内卷作用，胚层边缘形成胚环。受精后8小时40分钟，胚层下包卵黄1/2进入原肠早期。受精后9小时45分钟，胚层下包至3/4，胚环边缘加厚而形成胚盾，进入原肠中期。受精后10小时25分钟，当胚层下包至4/5时，进入原肠晚期
神经胚期	水温26~27.5℃时，受精后12小时，胚盾背部出现神经胚。约17小时35分钟，胚孔封闭，胚体中部出现3对体节。约18小时30分钟，眼泡出现
器官形成	水温26~27℃时，受精后24小时12分钟，出现管状心脏，尾芽伸长与卵黄囊分离。受精后25小时30分钟，脑分化加快，嗅板和听泡出现，可见肌肉收缩效应。受精后28小时35分钟，整个胚体收缩，心脏搏动频率为37次/分钟。受精后28小时55分钟，心脏搏动加快，心率为100次/分钟。受精后30小时7分钟，可见第一对须原基，尾芽伸长约为卵黄的1/2半圆。受精后32小时20分钟，出现两颗耳石，36对肌节，肌肉收缩加强，卵黄循环出现。受精后37小时15分钟，尾芽伸长超过头端。受精后46小时，体节46对，胚体扭动加强，心脏搏动加快
孵化	水温21.0~25.5℃时，胚胎发育过程为72小时50分钟；水温19~22℃时，需要77小时20分钟，胚体加速扭动，尾部不断拍击卵膜，将卵膜崩破，尾部伸出膜外脱膜而出

2. 胚后发育

仔鱼出膜后进入胚后发育阶段，黄颡鱼胚后各时期发育特征（以鄱阳湖黄颡鱼为例），见表 1-2。

表 1-2　黄颡鱼胚后发育分期及特征描述

分期		特征描述
仔鱼期（0~5 天）	初孵仔鱼	刚孵出的仔鱼平均全长 4.54 毫米，肛后长 2.03 毫米，卵黄囊 1.75 毫米×1.4 毫米。肌节 12+24。大部分的仔鱼眼已具黑色素，少量仔鱼的眼还处于黄色素期。口尚未形成，听囊及 1 对耳石清晰可见。胸鳍原基出现，具有 1 对颌须，肛凹出现，肠管未形成，卵黄囊较大，椭圆形，心脏中的血液透明无色；头顶及体侧具少量黑色素
	孵化 24 小时	仔鱼平均全长 5.18 毫米，肛后长 2.31 毫米，卵黄囊 1.4 毫米×1.26 毫米，肌节 12+29。体表黑色素增加，呈淡灰色。胸鳍出现，尾鳍褶上出现放射状的条纹。卵黄囊腹面的血管及心脏中的血液为红色。出现了 3 对须和 4 对鳃裂，鳔形成但未充气，仔鱼沉在水底侧卧，尾不停地摆动
	孵化 2 天	仔鱼平均全长 7 毫米，肛后长 3.78 毫米，卵黄 1.3 毫米×1.2 毫米。肌节 12+34。体色更深，眼睛发亮，口形成张开，亚下位，上下颌能自由地开启。鳃盖出现，鳃丝呈齿状。心脏位于卵黄囊的前腹面，胸鳍形成，尾鳍和臀鳍的原基出现。脊索尾端上翘，肠管形成
	孵出 3 天	仔鱼平均全长 7.91 毫米，肛后长 4.06 毫米，卵黄 1.26 毫米×0.90 毫米，变小。前肠充满黄绿色的代谢物。心脏位于头的腹面，颌须短于鳃盖，须上出现乳状感觉器
	孵出 4 天	仔鱼平均全长 8.05 毫米，肛后长 4.34 毫米，卵黄 1.2 毫米×0.84 毫米，头顶色素呈块状分布。背鳍褶的前端出现凹陷，尾鳍条 14，臀鳍条 12，肠与肛门未通

（续）

分期		特征描述
仔鱼期（0~5 天）	孵出 5 天	仔鱼平均全长 9.51 毫米，肛后长 5.6 毫米，卵黄囊中的卵黄吸收完毕，肠与肛门相通，开始从外界摄食。上、下颌具许多细齿，可帮助摄食。鳃丝分化完全，鳔充气，在水中可以自由活动。鼻须出现，颌须呈黑色，颐须灰白色。头部及躯干上的色素呈块状分布，虎纹状。背鳍形成，胸鳍出现硬刺，上有锯齿，6 根分枝鳍条。尾鳍条 18，臀鳍条 20，腹鳍原基出现。尾鳍呈歪尾形，稍凹，仔鱼期结束
稚鱼期（6~25 天）	孵出 6 天后	各器官进一步发育。臀鳍完全分化出，腹鳍和脂鳍形成，各鳍褶消失。尾鳍深分叉，上、下叶的边缘呈黑色。胸鳍刺的前后缘均有锯齿。背鳍 I，7，臀鳍条 20~23，腹鳍条 6~7。口亚下位，口裂宽，呈弧形，上下颌上具发达的绒毛状细齿。头顶和枕骨裸露，背部隆起，腹部平坦。须 4 对，侧线平直。体侧黄黑斑块相间，呈 2 纵 2 横排列
幼鱼期（25 天后）	25 天后	全长达到 25 毫米，体形体色与成鱼相似，稚鱼期结束，进入幼鱼期。黄颡鱼的胚后发育过程中，鳍的形成过程依次是胸鳍、尾鳍、臀鳍、背鳍、腹鳍和脂鳍。尾鳍的变化最大，经历了圆尾形—歪尾型—分叉—正尾型。黄颡鱼的早期发育过程中，体表色素较浓，具有比较典型的颜色特征

五、黄颡鱼的营养需求

1. 蛋白质需求

蛋白质是动物生长、繁殖和维持生命所必需的营养成分，其不仅参与身体组织的构成，在体内也以酶和激素的形式参与动物生理机能和代谢过程。黄颡鱼对蛋白质的需求量因体重、环境温度等因素的不同而存在差异。体重约 10 克的黄颡鱼经过 40 天的养殖试验，其适宜蛋白质需求量为 39.49%~44.5%。总体而言，有关黄颡鱼蛋白质需求量的研究结果因鱼的大小、养殖环境等因素的不同而存在一定的差异，但规格越小的黄颡鱼对蛋白质的需求量越高，随着黄颡鱼规格的增大，其对蛋白质的需求量逐渐降低。

因过度捕捞、环境污染及厄尔尼诺现象等不良气候和人为因素的影响，野生鱼粉资源日益减少，世界鱼粉的供应已远远不能满足日益增长的水产养殖需求。寻找可替代鱼粉的蛋白源也已成为各国学者研究的重点。在3~4克黄颡鱼幼鱼饲料中，用烁生肽替代25%~50%的鱼粉时可以促进其生长，提高饲料和蛋白质效率，降低饲料成本，替代25%时效果更显著。在黄颡鱼饲料中豆粕可以替代30%的鱼粉而不会引起生长的显著性差异。此外，黄粉虫干粉可半量替代黄颡鱼饲料中的鱼粉，而不会引起生长效率的显著降低。

2. 脂肪需求

脂肪是水产动物机体能量的重要来源，具有为鱼体提供能量和脂肪酸、促进脂溶性维生素和固醇类物质的吸收等诸多生理功能。研究表明，黄颡鱼饲料中脂肪的最适含量为11%左右。

3. 碳水化合物需求

碳水化合物是一种廉价的能源物质，是鱼类生命活动所必需的能源，能起到节约蛋白质的作用。鱼类对碳水化合物的利用因种类、食性、年龄等因素不同而存在一定的差异，且对糖类的利用能力很低。研究表明，在初始体重8.24克的黄颡鱼饲料中，碳水化合物含量为24%~36%、蛋白质含量为36%时，其能获得最好的生长和饲料利用率，同时碳水化合物能明显起到节约蛋白质的作用。在初始体重5.7克的黄颡鱼饲料中，碳水化合物含量为26%~29%、蛋白质含量为39%~48%时，幼鱼能获得较好的生长率和蛋白质效率，饵料系数低。研究还发现，黄颡鱼饲料中碳水化合物的含量为33%~41%时，生长最好。

4. 能量需求

鱼类的一切生命活动都需要能量，但鱼类对能量的需求量相对较低，鱼类所需的能量主要来源于饵料中的蛋白质、脂肪和碳水化合物。影响鱼类能量代谢的重要因素有鱼类的运动、环境温度、日粮中蛋白质和脂肪水平等。研究发现，在初始体重5.7克黄颡鱼配合饵料中，能量和能量蛋白比分别为15.63~16.95千焦和36.38~43.46千焦/克时，能获得较好的生长和蛋白质效率。黄颡鱼饲料中蛋白能量比为24.0~28.2毫克/千焦时生长良好，饵料利用率高。在初始体重4.72克

的黄颡鱼配合饲料中，能量蛋白比为40.17千焦/克、蛋白质含量为40.38%、总能为16.22千焦/克时，增重率、蛋白质效率、肥满度均达到最大值，且饲料系数最低。12~80克生长阶段的黄颡鱼的适宜能量需要量为13.2千焦/克。研究表明，0.4克黄颡鱼幼鱼的最适能量需要量为14.00千焦/克。黄颡鱼饲料总能的适宜值与饲料的蛋白质含量有关，蛋白质含量为35%时，总能为21.4千焦/克时，增重率和饲料转化效率最好；蛋白质含量为40%以上时，总能为18.9千焦/克时，增重率和饲料转化效率最好；饲料总能（22.81千焦/克）过高时，黄颡鱼的增重率、成活率和饲料转化效率均显著低于其他能量水平组。

5. 维生素需求

维生素是维持动物正常生理机能和生命活动所必需的微量低分子有机化合物，在动物代谢过程中主要以辅酶和催化剂的形式参与调解动物体内新陈代谢，具有重要的生理功能。饲料中添加适量的维生素E能适当改善黄颡鱼的摄食，增强非特异性免疫力和抗氧化能力，提高健康状况，在初始体重5克的黄颡鱼幼鱼饲料中，维生素E的推荐添加量为125毫克/千克。在初始体重21.1克的黄颡鱼饲料中，最适维生素E含量为268毫克/千克。不同剂型的维生素C对黄颡鱼的生长和免疫存在一定的影响，当饲料中磷酸酯维生素C和包膜维生素C的添加量分别为1110~1200毫克/克和659~900毫克/克时，鱼生长最快，免疫活性强，饲料系数最低，并且包膜维生素C的效果优于磷酸酯维生素C。

6. 矿物质需求

矿物质是构成机体组织的重要成分，为酶的辅基成分或酶的激活剂，能维持体液的酸碱平衡和稳定的渗透压水平，保持细胞的正常形态等。鱼类除了由消化道系统吸收饵料中的矿物质外，还可以利用鳃、皮肤等器官从养殖水体中吸收矿物质。2.7克的黄颡鱼幼鱼饲料中磷的含量不得低于0.76%，当磷的含量为0.89%时，幼鱼的生长最佳。4.4克的黄颡鱼幼鱼饲料中磷的适宜含量为1.67%~1.78%，当饲料中磷含量为1.67%时，生长率最大；当饲料中磷含量为1.78%时，饵料系数最小，钙含量和钙磷比对黄颡鱼生长和饵料系数的影响不明显。3.1克的黄颡鱼幼鱼饲料中铜的添加量为3.13~4.24

毫克/千克时，特定生长率最好。黄颡鱼饲料中铜的适宜添加量为7.01~25.58毫克/千克。

7. 功能性添加剂

研究发现，饲料中添加地衣芽孢杆菌的浓度为5×10^5CFU/克时，黄颡鱼增重量有所提高，各项非特异性免疫指标也有所改善，谷丙转氨酶活性有所降低；饲料中添加500~800毫克的谷胱甘肽可以有效缓解黄颡鱼饲料中微囊藻毒素的毒性；每千克饲料中添加壳聚糖5~10克能有效提高黄颡鱼的生长和非特异性免疫机能；枸杞多糖可以有效提高黄颡鱼免疫细胞的活性；饲料中添加0.01%芽孢杆菌与0.01%低聚糖复合剂和1%中草药免疫增强剂均能显著提高增重率、成活率及肝脏、血清免疫酶的活性。瓦氏黄颡鱼饲料中添加1.0%的复方中草药制剂可显著提高幼鱼的生长。黄颡鱼饲料中添加不同含量的魔芋甘露糖均能提高其生长、非特异性免疫力，降低饵料系数；添加外源性加丽素红、金黄素、金菊黄等对其特定生长率、脏体比、肝体比无显著影响，但对肝脏中脂肪含量有一定的影响，显著降低饲料蛋白质效率。低脂肪、低蛋白的黄颡鱼饲料中添加肉毒碱能提高其生长，但高脂肪的配合饲料中添加肉毒碱则对鱼的生长不利。黄颡鱼成鱼混饲投喂皮质醇可使血清中皮质醇浓度持续升高，能显著抑制血清补体旁路溶血活性。在较高浓度和较长时间作用情况下，外源皮质醇对黄颡鱼体内外头肾巨噬细胞的呼吸暴发均产生抑制作用。黄颡鱼饲料中添加0.1摩尔/升的蛋氨酸、0.5%的甜菜碱能极显著或显著促进黄颡鱼摄食；添加0.125%香草香精、0.125%糖精、0.05摩尔/升蛋氨酸、0.2摩尔/升谷氨酸、0.2摩尔/升丙氨酸、0.5%大蒜素对黄颡鱼的诱食效果不明显。

第二章
做好黄颡鱼苗种繁育
向苗种要效益

第一节　黄颡鱼苗种繁育的误区

一、黄颡鱼亲本培育的误区

1. 亲本培育意识薄弱

在实践中很多养殖户缺乏亲本培育的意识，认为只要性成熟的亲鱼都可以进行繁殖，忽略了强化培育。结果，到繁殖季节用大量的催产药物催产时，效果甚微。水生动物不同于陆地生物，性腺的发育程度很难把握，催产药物对性腺发育良好的，效果较好，而对大部分性腺发育不到位的，效果欠佳，结果往往是给苗种繁殖企业造成经济损失。

2. 盲目降低培育饲料成本

为节约成本，盲目选择一些廉价饲料，导致养殖的亲本发育速度缓慢。不但没有降低成本反而增加了成本，减少经济效益。

3. 亲本高密度暂养

部分苗种生产者为了生产方便，一次性捕捞大量亲本暂养于水泥池，分批次用于苗种生产，殊不知在水泥池高密度情况下无法保证亲本正常摄食，还容易造成应激反应，导致已发育成熟的性腺退化。

4. 缺乏亲本产后护理措施

人工繁殖后的亲本体质异常虚弱，若不加强护理，期间容易感染各种病害，导致大量死亡，造成巨大经济损失。

二、黄颡鱼亲本选择的误区

1. 盲目使用退化亲本

有些苗种生产者对亲本未进行严格地选择，使得经济性状较差的亲本也混入繁殖群体，造成生产的苗种质量差，给养殖者带来损失。

2. 盲目使用小个体或较小年龄的亲本降低繁殖成本

部分苗种生产者为了降低亲本使用成本，选择较小个体或者较小年龄的亲本，使得繁殖效率极其低下，影响苗种质量。

3. 忽视繁育亲本的健康状况

部分苗种生产者不注意亲本的健康状况，有些亲本在培育期间患有病虫害，一旦进行人工繁殖操作，易导致亲本大量死亡，造成巨大损失。

4. 忽视同批亲本发育不同步现象

部分苗种生产者在繁殖操作时忽视了同批亲本发育不同步的现象，只要是同一批拉上来的亲本统统用于催产繁殖，结果多数亲本由于发育不成熟，无法催产达到预期效果，不但损失了大量催产药物费用，还容易造成亲本损伤。

三、黄颡鱼繁殖方式的误区

1. 盲目催产

催产时不遵循客观规律，胡乱注射催产激素造成药害，不但没有解决问题，反而加重亲本损耗。

2. 盲目配置催产药物

有些苗种生产者随意搭配催产药物，不注意环境，结果出现药效减弱或增强，也可能出现副作用。不同的水温条件，可能需要不同催产药物配伍，如地欧酮（DOM）可以促进黄颡鱼亲本在水温低时的催产效果，水温高时效果不大。

3. 注射药物剂量把握不正确

一些苗种生产者随意给亲本注射一定剂量的催产药物使得个体单位体重药量不均匀，造成部分鱼体药量超出鱼类承受程度出现瞎眼等症状，而部分亲本药物剂量不够，延误催产时机。

4. 使用过期药物

有些养殖者不看药物保质期，把过期的或失效的催产药物拿出使用，结果不能起到催产的效果还会产生一些毒副作用。

5. 忽略催产环境营造

有些养殖户不考虑亲本成熟度和环境的情况，催产时盲目使用催产激素，往往忽略了水温、流水等催产环境营造这一环节，结果用药后达不到催产的效果，反而有害无益。

第二节　繁殖场的选择与要求

一、养殖环境要求

1. 池塘条件

池塘面积以5~10亩（1亩≈667米^2）为宜，水深以1.5~2.5米较为理想。池塘底质以沙壤土为优，壤土及少泥硬池塘也可，底部淤泥控制10厘米左右，池塘保水及保肥力强，轮虫休眠卵数量不少于100万个/米^2。进出水口要设防逃网，一般每5~6亩安装3千瓦动力增氧设备。

2. 水源水质条件

水源充足，水质良好，无对养殖环境构成危害的污染物，无对鱼类健康有害的物质，符合渔业水质标准，且能够做到排灌自如。

3. 环境条件

最好选择靠近水库、湖泊、河道、沟渠的鱼池，以便在池塘养殖密度较高、水质发生变化时，可以经常换注含氧量高的新鲜水，调节池塘水质，促进鱼类天然饵料的繁殖和鱼类生长。

二、放养前准备

1. 彻底清塘

池塘在放鱼苗前10~15天，采用生石灰或漂白粉干法清塘，生石灰用量为75~90千克/亩，或漂白粉13~15千克/亩，经曝晒消毒，杀灭敌害生物和病原菌。

2. 注水

一般在池塘消毒后第二天注水0.8~1.0米，等毒性完全消失后，放入鱼苗，分次加满池水。标准土池和标准池塘的护坡如图2-1和图2-2所示。

图2-1　标准土池

图2-2　标准池塘的护坡

3. 培养生物饵料

清塘后，适时加注新水，施腐熟粪肥（鸡粪）、肥水素，培养浮游植物、轮虫等生物饵料。同时，搅动底泥，促进休眠卵萌发。当池水出现枝角类、桡足类时，可用药物杀灭；当池水轮虫数量过多时，可采用抽滤或药物控制种群密度。鱼苗下塘时，轮虫数量以1万~1.5万个/升适宜。

第三节　提高亲本培育效率的主要途径

一、亲鱼选择

1. 来源与选择

可从江河、水库、湖泊中捕捞，也可在人工养殖的商品鱼中挑选。要求个体大，体质健壮，无病无伤，性腺发育良好。

2. 成熟年龄与体重

年龄2~3龄，黄颡鱼母本体重150克以上，父本200克以上，雌、雄鱼比例可根据繁育的品种不同酌情搭配，父本、母本分池培育。

3. 雌雄鉴别

苗种及未发育成熟的鱼雌雄鉴别困难，体重 50 克以上、发育成熟的鱼较易鉴别。雄鱼体形细长，在臀鳍与肛门之间有一突出的生殖突，长 5 毫米以上；雌鱼体形粗短，腹部膨大柔软，无生殖突，同一批鱼雄鱼大于雌鱼。

二、亲鱼池准备

培育亲鱼池（图 2-3）一般面积 5~10 亩，深 1.5~2 米，水源充沛，水质良好，环境较安静。进出水口要设拦鱼设施。在亲鱼入池前要彻底清塘，每亩可放亲鱼 200 千克左右，可再混养鲢鱼、鳙鱼苗种 200~300 尾。因黄颡鱼与鲤鱼、鲫鱼在摄食方面有一定的矛盾，所以亲鱼池中不投放这些品种。

图 2-3　亲鱼池

三、亲鱼培育饵料

培育亲鱼可喂一些小杂鱼、小虾，也可将鱼、蚌、虾肉等用机器加工成肉糜投喂。如用配合饲料，鱼粉要有较大比例，蛋白质要占 38%~40%，加工成软、湿饲料当天投喂，当水温上升到 11℃以上时即可投喂。日投饲量为：水温 10~15℃，饲料占体重的 1%~2%；水温 15~20℃，饲料占体重的 2%~3%；水温 20~25℃，饲料占体重的 3%~4%。每天喂 2 次，饲料投在固定的饲料台上。亲鱼饵料的投喂应以亲鱼吃饱为宜，饲料选择切忌特高端饲料，最好少用精养黄颡鱼专用配合饲料，应投喂高蛋白膨化饲料，辅以新鲜鱼糜。要保持亲鱼池有较高的溶氧，每隔 7~10 天向亲鱼池冲 1 次水，可起到增氧、改

善水质和刺激亲鱼性腺发育的作用。

四、日常管理

1. 投喂方法

遵循“四定、四看”的原则，做到定时、定质、定位、定量，并要看季节、看天气、看水质、看鱼的吃食与活动情况，以确定实际投饲量。

2. 水位调节

开始投喂时，水位保持在 1 米左右，通过浅水升温的方式，促进黄颡鱼提早摄食和提高摄食强度。随着温度的回升，5 月加至 1.2 米，6~9 月逐渐加至 2 米，10 月以后逐渐降低水位至 1.5 米左右。同时，5~6 月每 15~20 天视水质情况加水 1 次，7~9 月每 7~10 天加水 1 次，每次加水 15 厘米左右，同时每 15~20 天用 1 次微生物制剂调节水质。

3. 勤巡塘

每天坚持勤巡塘，早中晚各 1 次。黎明时观察池鱼有无浮头现象，傍晚检查全天的摄食情况：有无残饵、有无浮头预兆、有无病害的发生等。坚持做好塘口生产记录，勤除草去污、勤捞病鱼死鱼，以便及时采取相应措施，发现问题，及时解决。

4. 病害防治

遵循“病害预防、防重于治”的原则，由于黄颡鱼属于无鳞鱼，对常用药物忍受力不及家鱼，因此要以防为主，治疗时尽量使用高效、低毒药物。自 5 月下旬开始至 9 月中旬，生物制剂与生石灰轮流间隔使用。使用 EM 菌生物制剂改善水体环境，隔 15~20 天再使用生石灰调节水质，期间使用菊酯类、甲苯咪唑等温和性药物杀虫防病。杀虫剂主要针对车轮虫、斜管虫、小瓜虫等。黄颡鱼对硫酸铜等比较敏感，要慎用。黄颡鱼虽较鲢鳙耐低氧，但溶氧高低直接影响其生长速度和成活率，高产的塘口黄颡鱼对池水溶氧要求较高，要求水质清新，溶氧足。自 5 月底，每天 24:00~次日 1:00 池底层溶氧低时，开启增氧设施 5~6 小时直到天亮，阴雨天提前开，晴好天气适当推迟开启时间，直到 10 月中下旬，温度降低时，可根据池鱼生长情况适时开启。

五、亲鱼产卵后的管理措施

在人工饲养条件下黄颡鱼可多批次产卵，一次产卵之后，如果投喂充足，条件合适，往往经过 15~20 天，还可以继续催产。一般挤完卵后的母鱼，体质会很差，产后的恢复工作显得尤为重要，一旦没处理好，母鱼很容易死亡。一般以体质和环境相结合去处理。

首先是放养母鱼的鱼塘水质一定要好，这样挤完卵的母鱼放入鱼塘时环境较好，应激也就小了。挤完卵的母鱼，一般先在暂养池进行简单的消毒。早些年使用高锰酸钾做消毒剂，因其效果差，用量大，现在基本已被淘汰。现在一般用聚维酮碘做消毒剂，一立方水体用 20~30 毫升。消毒时要保持水体溶氧充足。

经过 12 小时左右，再将母鱼移到外塘。转移到鱼塘的母鱼，下塘后泼洒防应激药物，开启增氧机，并关注鱼的活动情况，3~5 天后再投喂饲料。一开始先撒些饲料观察鱼的吃食情况，然后再定制投喂量。正式投喂时，饲料里要拌一些诸如复合维生素、氨基酸类、黄芪多糖免疫草等进行体质的恢复。

如果发现有死掉的母鱼，要及时捞出，避免腐烂污染水体。水质指标要定期检测，保持水质清爽。基本上一个星期左右母鱼就会稳定下来，半个月后检查母鱼卵巢成熟情况，来决定催产工作的时机。

第四节 黄颡鱼全人工繁殖技术

一、亲鱼选择

亲鱼应挑选体质健壮、无伤病、个体大的，雌鱼个体重 100~150 克，雄鱼个体重 200~300 克。同时也应避免亲缘关系较近，以免后代种质退化。选择亲鱼时，成熟度对产卵有很大影响，因此应挑成熟较好的亲鱼（图 2-4）。成熟好的雌鱼，腹部膨大而柔软，卵巢轮廓明显，轻压有流动感，生殖孔突而圆，呈深红色。用挖卵器取卵观察，卵粒大小均匀，呈黄色，有光泽，卵核偏移，有极化现象。成熟好的雄鱼，体色较深，生殖突长而尖，生殖孔呈桃红色，但一般挤不出精液。

二、亲鱼强化培育

图 2-4 选择成熟较好的亲鱼

亲鱼池要求水质良好，淤泥少，每年进行清塘，亲鱼入池前 2 周，要先消毒并培肥水质。雌雄亲鱼宜分池培育，放养密度不超过 250 千克/亩，可套养少量的鲢鱼、鳙鱼控制水质，忌放鲤鱼、鲫鱼等杂食性、抢食能力较强的鱼类，以免因争食影响亲鱼发育。亲鱼越冬后，要采取强化培育措施，可投喂碎鱼浆，也可投喂蛋白含量为 38%～42% 的人工配合饲料。定位投在饵料台上，早晚各投 1 次，投喂量约占鱼体重的 3%，饲料以鱼 1 小时内吃完为宜。亲鱼池保持水质清新，溶氧在 4 毫克/升以上，pH 为 7～8。催产前 2 个月，每隔 1 天左右要冲水 1 次，每次冲水 1～2 小时，以加速亲鱼的性腺发育。亲鱼如出现严重的浮头会导致不产卵，所以要适时开动增氧机，严防浮头泛塘。

三、人工催产

催产在流水水泥池中进行，催产药物采用地欧酮（DOM）、促黄体素释放激素类似物（$LRH-A_2$）和绒毛膜促性腺激素（HCG）混合，药量为每千克雌鱼用地欧酮 5～6 毫克、$LRH-A_2$ 15～25 微克和 HCG800～1500 国际单位，雄鱼剂量减半。雌鱼采用两次胸鳍基部注射法，第 1 针注射总药量的 1/3，隔 12～20 小时注射余量；雄鱼在雌鱼第二次注射时一次性注射（图 2-5）。水温为 24～26℃，效应时间为 18～24 小

图 2-5 人工注射激素

时。为了节约激素使用成本，也可在第一针注射时采用单种激素 $LRH\text{-}A_2$ 10~15 微克，隔 12~20 小时注射剩余混合激素。

四、人工采精与精液保存

在第二针注射后 10~12 小时，取出黄颡鱼雄鱼，解剖取出精巢放入纱布中，称重后用镊子挤出精液（图 2-6、图 2-7），放入精液保存液中。黄颡鱼精液保存液配方为葡萄糖 2.9 克、柠檬酸钠 1 克、碳酸氢钠（$NaHCO_3$）0.2 克、氯化钾（KCl）0.03 克、蒸馏水 100 毫升，置于冰箱冷藏待用。一般一尾 2 龄、性腺发育成熟、体重在 200~300 克的雄鱼，可供 75~100 千克的黄颡鱼雌鱼的卵受精。

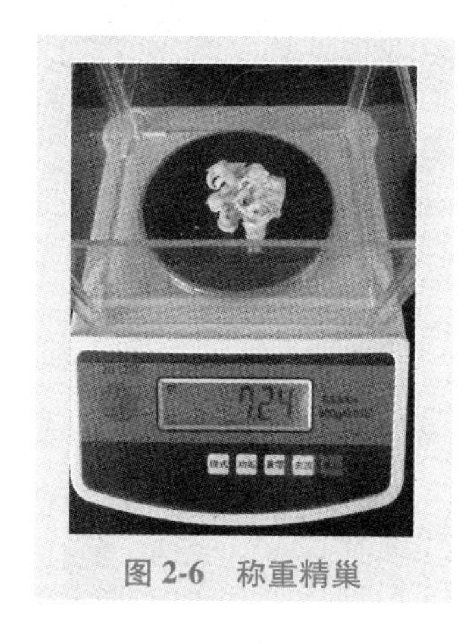

图 2-6　称重精巢

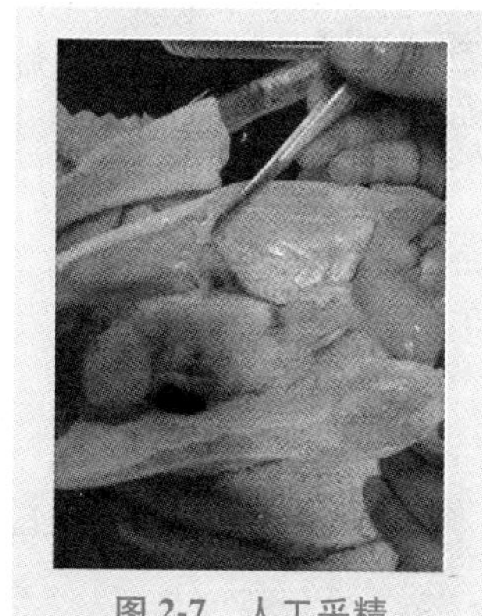
图 2-7　人工采精

五、人工授精

亲鱼注射催产剂后放入暂养池中，用流水刺激，在预计效应时间过后 1~2 小时内，开始人工挤卵（图 2-8）。一般采取干法授精，取雌鱼，用布擦干鱼体表，将卵挤入容器中，当卵子数量达到容器的一半时，放入一定数量的精液，同时加入精子激活液（0.3% NaCl 溶液），充分搅拌均匀，而后将受精卵均匀放置于网片上（图 2-9）或脱黏后放入孵化器中孵化，授精过程中注意避免阳光直射。

六、人工孵化

将附着受精卵的网片消毒后放入水泥池中，水泥池上方应覆盖遮阳网，以防阳光直射授精卵，采用微流水的孵化方式，同时用空气压缩式增氧机充氧（注意：气石要均匀分布在水泥池各个角落）。也可以用泥浆或滑石粉脱黏后，放入黄颡鱼专用的孵化桶中孵化（图 2-10）。孵化水温控制在 25～28℃，一般 48 小时左右即可出苗，如果是“黄优 1 号”杂交黄颡鱼，应尽早将水花鱼苗转移至水泥池中暂养，等待装运，暂养池设置如图 2-11 所示。

图 2-8 人工挤卵

图 2-9 人工授精

图 2-10 黄颡鱼专用孵化桶

图 2-11 水花鱼苗暂养池

七、注意事项

1）在亲本使用上改用野生亲本为养殖培育的家化亲本，并投喂新鲜野杂鱼进行强化培育，强化培育后的亲本个体较大、性腺成熟度好、怀卵量大、产卵多，可提高生产效率。

2）在雄鱼亲本的使用上运用精子保存技术，可提高繁殖过程雄鱼利用率，将单尾雄性黄颡鱼配组雌鱼的数量提高到 75～100 千克，同时减少了繁殖过程中催产药物的消耗量，降低了黄颡鱼全人工繁殖过程的成本支出。

3）在孵化管理上，利用规则的自制网片代替棕榈鱼巢，可提高孵化过程鱼卵间及鱼卵与水体的通透性，促进鱼卵在孵化过程吸收水体溶氧的能力，提高孵化率。用黄颡鱼专用孵化桶孵化，也可以大大提高黄颡鱼的孵化效率。

4）在孵化水温的控制方面，由原来的自然水温改为加热恒温方式，可提高胚胎发育速度，减少孵化时间，有效控制孵化过程中水霉病的发生，减少药物的使用。

5）在水质管理方面，使用微流水，同时改原来单池流水孵化为换池孵化，即在受精卵孵化至快要脱膜时，抖落坏卵，然后将留有好卵的鱼巢转移到事先准备好的环境基本相同的新池进行脱膜，这样可以大大提高鱼卵的孵化率，有效控制孵化水体的水质。

第五节　黄颡鱼半人工繁殖技术

所谓的半人工繁殖，就是当环境温度上升到 25～28℃，当年积温达到黄颡鱼的繁殖要求，采取一次激素注射后，放回黄颡鱼产卵池，在池塘设置产卵巢，让其在池塘中自然产卵并收集孵化的繁殖方法。现将该繁殖方法介绍如下：

一、亲鱼收集

从天然水域或人工养殖水面中收集亲鱼，时间宜在上一年秋季。要求亲鱼体色鲜艳，体侧斑纹鲜明，无病无伤；2 冬龄以上；雌性个体大于 11.7 厘米、100 克以上；雄性个体大于 14.8 厘米、150 克以上。雌雄比例为 1∶1.5。

二、亲鱼培育

收集的亲鱼用 3%的食盐水浸浴 10～15 分钟，放入专池培育，或放入成鱼池、家鱼亲鱼池中套养。池塘水深要求 1.2～1.5 米，池底平坦，便于捕捞催产。培育期间要求水质有一定的肥度，水的透明度

30厘米左右。水温达14℃以上时开始投饵，主要投喂小鱼、小虾、绞碎的河蚌肉等。从4月开始每隔2~3天冲水1次，以促进性腺发育。

三、繁育池准备

选择底泥浅（15厘米左右）、保水保肥、水源充足、水质良好，面积1500~2500米^2、水深1.5米左右的池塘作为繁育池。5月初用生石灰等药物清塘消毒，杀灭池中野杂鱼类及敌害生物，待药性消失后，用密眼（60目）筛绢过滤加水至60~80厘米，防止野杂鱼进入。进水口设置1台小型潜水泵，有条件的池中可设1.5千瓦增氧机1~2台。

四、设置鱼巢

用棕片或聚乙烯网布压置于池底，池中用沉水植物扎把，均匀分布于培育池四周50~60厘米水深处，作为亲鱼产卵的隐蔽物和受精卵的附着物。

五、亲鱼催产

当水温稳定在22℃以上时，挑选成熟度较一致的亲鱼。雌鱼要求体形丰满，腹部膨大松软，并富有弹性，卵巢轮廓明显；雄鱼要求体质健壮，体色艳丽。每千克雌鱼注射马来酸地欧酮（DOM）1~3毫克和促黄体素释放素类似物（LRH-A_2）5~15微克，雄鱼为雌鱼剂量的70%。放养量在1000尾/亩以内。亲鱼入池后，定期冲水刺激，让其自行交配产卵。

六、产卵孵化

注射后的亲鱼，在水温24~27℃时，15~22小时后开始产卵。产卵后，将鱼巢取出放置于水泥池中孵化，水泥池上方应搭盖遮阳网，以防阳光直射鱼卵，采用微流水的孵化方式，同时用空气压缩式增氧机充氧（注意：气石要均匀分布在水泥池各个角落）。孵化水温控制在24~28℃，一般42~70小时即可全部脱膜，孵出鱼苗。开始孵化至出膜前，每天用亚甲基蓝溶液泼洒卵巢1次，以防鱼卵发霉，同时要经常冲水，最好能保持微流水，保证孵化期间溶氧充足。

七、夏花培育

鱼苗在繁育池中经过 20~30 天的培育，达到 2~3 厘米的夏花苗种。培育期间要求水深 50~100 厘米，pH 为 7~8，溶解氧 5 毫克/升以上，透明度 30~40 厘米，氨氮不高于 0.05 毫克/升。刚孵化出膜的仔鱼，卵黄囊较大，游动能力较弱，喜欢集群在水体的底部。当鱼苗达到 0.9 厘米以上，可投喂少量混合团状饵料，1 周后逐步增加投喂量。当水温在 20~32℃时，每天上、下午各投喂 1 次，日投饲量为鱼体重的 3%~5%。饲料配方：鱼粉 30%、豆饼粉 20%、菜饼 25%、麸皮 10%、次面粉 8%、玉米粉 5%、添加剂和无机盐 2%。

第六节　黄颡鱼自然繁殖技术

黄颡鱼自然繁殖技术多见于四川眉山等地，该地区至 5 月中旬，积温较长江中下游地区高，黄颡鱼性腺发育较为成熟一致，可进行批量化生产，同时该方法花费的成本低廉，具有一定的应用前景。

一、池塘条件与水质要求

养殖场应选择靠近水源、远离污染源、水质清新、排灌方便的地方。水源水质应符合 GB 11607—1989 的要求。养殖用水水质应符合 NY 5051—2001 的要求。养殖水域底质应符合 NY/T 2798.13—2015 的要求。鱼池要求见表 2-1。

表 2-1　鱼池要求

鱼池类别	面积/米^2	水深/米	淤泥厚度/厘米	清池消毒
亲鱼池、产卵池	1000~2000	1.0~1.5	≤20	水泥池在使用前用 20 毫克/升高锰酸钾浸泡 10~20 分钟，然后用清水冲洗干净 土池在使用前 15 天，将生石灰用水溶化后（用量为 117.5~150 千克/亩），随即全池泼洒
孵化池（水泥池）	10~30	0.4~0.5	—	
鱼苗暂养池（水泥池）	10~100	0.8~1.0	—	
食用鱼饲养池	2000~3500	1.2~2.0	≤20	

二、苗种繁殖

1. 亲鱼选择

亲鱼培育可在食用鱼饲养池中预先养殖低值鱼，以鲢鱼、鳙鱼为主，以供亲本鱼强化培育时用。选择 2~3 龄体质健壮、体表光滑、鳍条完整、无外伤、无病害的黄颡鱼，雄鱼个体重 100 克以上，雌鱼个体重 75 克以上。用作亲鱼的黄颡鱼雌雄鱼应符合表 2-2 特征。

表 2-2 黄颡鱼的雌雄鱼外部特征鉴别表

项目	雌鱼	雄鱼
体形	较短粗，个体相对较小	较瘦长，个体相对较大
泄殖突	具 2 孔（前为输卵管开孔，后为输尿管开孔），无生殖突	具 1 个泄殖孔，生殖突呈乳突状
腹部（成熟、生殖期）	卵巢轮廓明显；腹部膨大、饱满、柔软	腹部较小不膨大
体色（成熟、生殖期）	背部呈黄绿色，腹部呈乳白色	背部呈青灰色，腹部呈灰白色

2. 亲鱼运输与放养

亲鱼的运输一般在水温 15~25℃时进行。捕捞前停食并拉网锻炼 1 次，捕捞和装运过程中，应避免鱼体受伤；运输途中水中溶氧量应保持在 5 毫克/升以上。亲鱼放养时，应用 2%~5%氯化钠溶液浸洗 5 分钟，或用 15 毫克/升高锰酸钾溶液浸洗 15~20 分钟。放养前后水温差不超过 3℃。每亩水面放养亲鱼 200 千克左右为宜。雌雄鱼同池混养。

3. 饲养管理与水质调节

投喂粗蛋白含量达 40%以上的全价颗粒饲料。颗粒饲料应符合 NY 5072—2002 的要求。水温 14℃以上时开始投喂，每天投喂量为亲鱼总重的 3%~5%。7:00~8:00 投喂总饲料量的 1/3，16:00~17:00 投喂总饲料量的 2/3，以 1 小时内吃完为准。定期冲新水或保持微流水，4~5 月，每周注水 1 次；5~6 月，每周注水 2 次；6~8 月，隔天注水 1 次。当池水变浓，透明度低于 20 厘米时，要适时加注新水或更换部分池水，并用微生物制剂调节水质。

4. 强化培育

产卵期前 1 个月，开始对亲鱼进行强化培育，足量投饲。日投喂量为亲鱼总重的 5%~8%。增加动物性饲料的投喂，动物性饲料占饲料总投喂量的 30%~40%。

5. 自然繁殖

在亲鱼池中设置鱼巢。鱼巢用直径为 20~30 厘米的黑色圆形塑料桶制作，桶高为 35~45 厘米，桶内底部放置棕榈丝 2~3 片，并用铁丝圈固定于桶底，桶提手上系一根 1~1.5 米的绳子，绳子末端系一块塑料泡沫。将鱼巢呈“Z”字形排列放置于亲鱼池底部，鱼巢间距 1.5 米，每亩水面放入鱼巢 50~70 个。产卵池要求水质清新，并保持产卵环境安静，pH 为 7.0~8.5，溶氧 5 毫克/升以上。定期注水，并用微生物制剂改良水质。产卵一般在 5 月下旬至 8 月中旬进行。水温 22~30℃。亲鱼发育成熟后，在流水的刺激下自动将卵产在鱼巢中并受精。将鱼巢提出水面，每天都逐一检查鱼巢中的产卵情况，发现有受精卵黏附在棕榈片上的，将带受精卵的棕榈片取出进行人工孵化，并先清洗鱼巢，然后换上新的棕榈片，再将鱼巢放回原处。

6. 孵化

孵化池的水质应保持清新，透明度 50 厘米以上，能自流进排水，进排水时均用 80 目绢网过滤。将采集到的受精卵消毒，并及时移到孵化池孵化。保持孵化池微流水，同时进行微孔增氧，防止敌害生物侵入；轻轻甩动棕榈片，及时清除死卵，防止其腐败而污染水体；防止受精卵堆集，让受精卵保持分散孵化状态；防止阳光直射，进行遮阳，保持水深 60 厘米以上。受精卵孵化 1~3 天均脱膜出苗，将棕榈片移走，并及时清除杂质。鱼苗脱膜 2 天后便可将其转移到土池或其他水泥池进行专池育苗。转移前减少进水量，待池水澄清后便可转移。转移方法为：先将孵化池的池水降低至 30 厘米左右，再用软管将池底部成群的鱼苗带水吸出，保证出水口比进水口的位置低，且在出水口用 120 目的绢网具收集鱼苗，并迅速打包增氧，运输至育苗池。

7. 鱼苗暂养管理

鱼苗脱膜 3 天后如还未及时转移，需补充少量的蛋黄或活的小型水生动物，以供鱼苗摄食。清除杂质，加强水质管理，防止鱼苗死亡。

8. 清洗棕榈片

将用过的棕榈片清洗干净，并放置在阳光下晒干，以留换用。

第三章
提高苗种培育成活率向成活要效益

第一节　黄颡鱼夏花培育

一、鱼苗培育池及清整

鱼苗培育池（图 3-1）面积 3～10 亩，水深 1.0～1.5 米。池塘为长方形，池形规整，靠近水源，水源水质符合 GB 11607—1989 标准，注排水方便，淤泥厚度不超过 15 厘米，底泥中轮虫休眠卵数量 100 万个/米^2 以上。采用干法清塘。将池水排干，用生石灰（75～100 千克/亩）或漂白粉（13～15 千克/亩）彻底清塘，有条件的可用“三合一”药物（硫酸铜、硫酸亚铁与敌百虫）同时清塘，清塘时间应根据水温、轮虫休眠卵数量以及鱼苗下塘时间灵活掌握。例如，水温 25℃，轮虫休眠卵数量为 100 万～200 万个/米^2，应在鱼苗下塘前 5～6 天清塘。水温低，轮虫休眠卵数量少，清塘时间提前，但清塘所用的总时间缩短。

图 3-1　黄颡鱼鱼苗培育池

二、饵料生物培养

注水、施肥和搅动淤泥清塘后 2～3 天注水 0.5 米深左右。注水后，用 0.5 毫克/升晶体敌百虫全池泼洒，杀死枝角类和桡足类等。

如果池水浮游植物数较少，可适当施有机肥，也可适当施化肥，如尿素2~3千克/亩，全池泼洒，注水后搅动淤泥，使轮虫休眠卵上浮到水层中萌发。搅动淤泥方法和搅动面积，应视轮虫休眠卵数量而定，即休眠卵数量少（100万~200万个/米^2），搅动淤泥要充分，休眠卵数量多（500万个/米^{2}以上），只需要搅动部分淤泥即可。

当轮虫数量达5000个/米^{2}左右，要加注新水和施肥，以保持良好水质和丰富饵料。当轮虫数量超过1万个/米^2，除加注新水和施肥外，还要控制轮虫数量不能增长太快。

控制轮虫数量和延长高峰期的方法主要有：

1）用水泵抽滤，采收部分轮虫；

2）用0.5~1.0毫克/升晶体敌百虫，在池塘局部泼洒，杀死部分轮虫；

3）施肥和投饵，保证轮虫饵料供给；

4）加注新水，稀释轮虫密度，改善轮虫生存和繁殖条件；

5）搅动淤泥，使一定数量休眠卵萌发（搅动淤泥也有施肥作用）。

三、水花鱼苗放养和管理

1. 购买和选择水花鱼苗

在通过有资质的水产良种场或黄颡鱼良种场进行购买，黄颡鱼水花鱼苗下塘指标为：水泥池中黄颡鱼水花有零星上浮现象，颜色由灰色向黑色渐变，1毫升黄颡鱼水花鱼苗的数量在180~250尾之间。

2. 鱼苗适时下塘

在池塘水温、水质适宜，且轮虫数量达到1万个/米^{2}时，当鱼苗发育至口张开，消化道贯通，能摄食食物，且卵黄囊尚未完全消失时，可放养水花鱼苗。掌握鱼苗发育（下塘）时期，是提高鱼苗成活率的关键。条件好、饵料充足的池塘，一般鱼苗放养密度为20万~30万尾/亩，池塘条件差，注水不方便，饵料不足的池塘，放养密度可酌情减小。

3. 投放鱼苗的隐蔽物

刚放入池塘的黄颡鱼鱼苗，在池边浅水处活动，有高度集群的习性。这种状态鱼苗容易被敌害侵袭和造成局部缺氧，成活率下降。所以，在放养鱼苗的同时，要在池塘中投放隐蔽物，为鱼苗提供隐蔽和藏身之处，同时也防止鱼苗过于集中。当鱼苗全长超过 10 毫米，其活动能力增强，可撤掉隐蔽物。用作黄颡鱼鱼苗隐蔽物的材料很多，但必须是无毒、无污染材料，可因地制宜，就地取材，如芦苇、树枝等。在距岸边 1~2 米处，每隔 2 米投放 1 个隐蔽物，隐蔽物在池塘四周均匀分布。也可采用专门的黄颡鱼水花放养筐，放养筐设置于离岸边 2 米左右的位置，放养时将鱼苗放入放养筐中，如图 3-2 所示。

图 3-2 利用黄颡鱼放养筐放养黄颡鱼水花

4. 定期注水和调节水质

鱼苗下塘后，每 2 天注新水 1 次（最好是地下水）。注水时间在 11:00~15:00，每次注水使池塘水位升高 10 厘米左右。鱼苗下塘后，如溶氧不足，可在池塘中央架设增氧机，根据溶氧状况合理确定开增氧机的时间。

5. 防治鱼病

用生石灰干法清塘，清塘时间距鱼苗下塘最好不超过 10 天，但 pH 应降至 7. 5 左右。鱼苗池清塘后，尽可能不注池塘老水。鱼苗放养时，可用 15 毫克/升高锰酸钾溶液浸泡 10~15 分钟。鱼苗下塘 4~5 天后泼洒一次硫酸铜和硫酸亚铁合剂，用量为 0. 7 毫克/升，主要预防车轮虫。

6. 拉网锻炼和分塘

当鱼苗全长达 2. 0 厘米左右时，应及时拉网锻炼，准备分塘、外卖。因为当黄颡鱼全长达 2. 5 厘米以上时，其胸鳍和背鳍的刺开始变硬，拉网锻炼、分塘和运输等操作易使鱼体受伤。拉网锻炼、分塘的方法如下。

网箱用固定杆固定于塘口长边的 1/2 位置，网箱的开口端对着塘口的短边。拉网的移动端沿网箱开口的反方向沿池塘边缘布置。拦网的移动端固定于岸上，沉子沉入水底。一名操作人员穿好皮裤在池塘水中行走，使沉子不离开池底，但能在池底移动，另一名操作人员牵引拉网上边沿，使上边沿移动稍快于下边沿，保持移动速度 6~8 米/分钟。待拉网的移动端拉到设置网箱的一侧时，开始收网动作，上下边沿和网片同时拉上岸，拉网围圈面积缩小，将圈在拉网中的捕捞对象从开口处赶入网箱。将所有拉网拉至网舌根处，从底部插入竹竿，提起网舌，封住网箱开口处。将鱼按要求进行筛选，分规格饲养或起水运输。网具如图 3-3 所示。

7. 夏花质量

好的黄颡鱼夏花（图 3-4）质量标准如下：全长均在 2.5 厘米以上、规格整齐，90%的个体长度差小于 0.5 厘米；体形正常、体表光滑、鳍条完整，外观与成体基本一致；体色为褐色，游泳活泼，离水挣扎力强；畸形率和损伤率低于 1%。

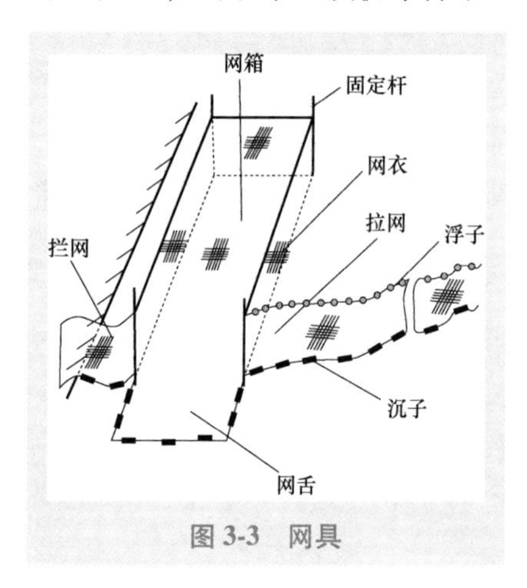

图 3-3　网具

图 3-4　黄颡鱼夏花

四、影响黄颡鱼夏花苗种培育的关键因素

除了影响苗种培育的水温、放养密度等常规因素以外，还有些因素是很关键的，严重的甚至能造成黄颡鱼鱼苗全军覆没。

1. 黄颡鱼鱼苗阶段的敌害生物

在常规清塘后，尤其是老池塘，泥鳅、河蚌、螺、蝌蚪、蜻蜓幼虫、青苔等，在后期容易泛滥。由于黄颡鱼鱼苗游泳速度相对缓慢，泥鳅、河蚌、螺、蝌蚪、蜻蜓幼虫可以大量蚕食黄颡鱼鱼苗，青苔可

以轻松缠死鱼苗造成重大损失。

2. 局部缺氧

由于黄颡鱼鱼苗夜间处于摄食高峰阶段，活动量较大，因此摄食量较大，需氧量很高，鱼苗很容易追随饵料生物在下风口聚堆打团，而形成局部缺氧现象，这种现象尤其在放苗一周后经常出现。

3. 寄生虫疾病

黄颡鱼鱼苗一般营底栖生活，容易感染池塘寄生虫，购买的鱼苗在下塘后 5 天左右易感染车轮虫、盘钩虫等寄生虫，且感染率高、死亡率高。因此该时期是疾病控制的关键时期。

4. 气泡病

气泡病主要是由于下塘时池塘水质太肥，浮游植物太浓造成溶氧过高引起的，因此放养鱼苗时水质不宜太肥，水体溶氧不宜超过 9 毫克/升。气泡病引起鱼苗死亡率也很高。

5. 后期营养不足

在培育后期，由于鱼苗摄食量的增加以及水质变化，鱼苗饵料（浮游动物等）生物量急剧下降，鱼苗营养明显不足，鱼苗体质明显下降，导致成活率下降，可根据实际情况补充饵料（浮游动物、鱼糜等）。补充饵料要求新鲜，营养丰富，喂养均匀，驯化及时。

五、夏花苗种培育的几点建议

1. 彻底清塘

黄颡鱼鱼苗下塘后集群底栖的特性决定了黄颡鱼鱼苗的敌害生物众多，因此在准备黄颡鱼鱼苗培育池塘时一定要清塘彻底，泥鳅、河蚌、螺、蝌蚪、蜻蜓幼虫、青苔等敌害生物禁止出现，目前的一些清塘药物中如生石灰、漂白粉等很难达到这一要求，所以可以采取多次清塘和特殊清塘的办法。在此建议采用新建鱼池培育，在生产上新推鱼池培育黄颡鱼鱼苗往往能取得不错的效果。

2. 培养沉水植物

在池塘中均匀培养一部分沉水植物可以起到改良水质的作用。沉水植物对水质的改良作用是通过吸附水体中生物性和非生物性悬浮物质，提高水体透明度，改善水下光照条件，增加水体溶氧，以及吸收固定水体和底泥中氮、磷等营养素实现的。笔者发现在有沉水植物的池塘中培育黄颡鱼鱼苗的成活率往往较高，鱼苗集群栖息在沉水植物根茎下，同时沉水植物能给黄颡鱼提供一定的饵料。

3. 在换茬养殖的池塘中饲养

黄颡鱼鱼苗一般营底栖生活，容易感染池塘寄生虫、细菌性疾病，和常规鱼苗的培育相比，黄颡鱼鱼苗抗病力较差，因此培育黄颡鱼鱼苗的池塘显得尤为重要。换茬养殖断绝了病菌的宿主，减少了病虫害的发生，因此换茬养殖的池塘中黄颡鱼鱼苗感染的致病因素较少，池塘培育效果较好。

4. 架设专用网布

刚孵化出膜的卵黄苗无游泳能力，不能在池塘中平游，而且池塘底部含有大量的有害有毒物质，处于缺氧的状态。如果在放苗前不架设专用网布，卵黄苗容易沉入池底，造成缺氧死亡，影响培育的成活率。因此，如果选用卵黄苗进行夏花苗种培育，前期要在池塘边架设一定面积的水花放养筐（图 3-5），水花放养筐按照每平方米 5 万尾卵黄苗设计（若选用能够平游的卵黄苗，网布大小按照每平方米 8 万～10 万尾卵黄苗设计）。同时，由于黄颡鱼具有喜弱光怕强光的生活习性，在网布的上方再铺设一个面积大小一致的遮阳网，以防止太阳光直射。

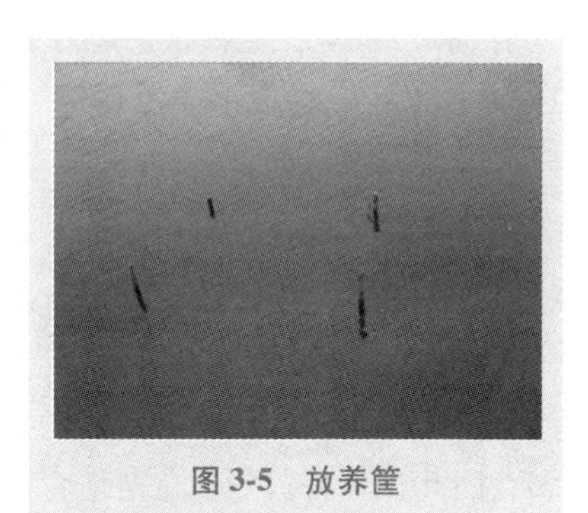

图 3-5　放养筐

5. 鱼苗肥水下塘

黄颡鱼夏花培育采用和家鱼苗种培育相同的方法——肥水发塘，根据黄颡鱼幼鱼主要以枝角类浮游动物为食，应在放苗前 4～7 天施放经发酵的畜禽肥料做基肥，分散在池塘四周、水面下，丰富池水中浮游生物，使池水达到“肥、活、嫩、爽”的状态。培育适口的浮游动物，使鱼苗下塘后即有较为丰富的天然饵料，提高鱼苗成活率。

6. 调节水质

在培育过程中，随着鱼体的不断长大，池塘中单位鱼体重也在不断增长。此时，根据水质水色的变化情况，每10~15天采取换水的方式加注新水5~10厘米，保持池水透明度在25~30厘米。同时换去相应的老水，一是做到了调节水质，保持水质清新；二是提高了池塘水体载鱼能力。

7. 防治病害

由于黄颡鱼为无鳞鱼，在夏花育种过程中，进行病害防治时，不宜选用刺激性较强的消毒剂和杀虫剂，如强氯精、二氧化氯以及敌百虫，以防造成鱼体损伤，影响培育成活率。建议选用聚维酮碘等药效较为温和的药物进行防治。

第二节　大规格苗种培育

一、池塘条件及放养要求

鱼塘应选面积5~10亩、水深1.8米左右、淤泥较少、水电方便的池塘。池塘必须保持水质清新，透明度在40厘米以上；适当搭配鲢鱼苗种；生物饵料培育期间不施肥；不能过量投饵；夜间投饵要适当开动增氧机。前期水浅时必须设置隐蔽物，保持水温不超过30℃。放苗前1周用生石灰清塘、注水，施肥培养饵料生物，并在池四周设置水草、旧网片、草帘等隐蔽物。鱼苗放养前一般用1%~3%食盐水浸泡鱼种5~20分钟，以杀灭鱼体表的细菌和寄生虫，放养密度为3万~5万尾/亩。鱼种下塘前，运输鱼篓内水温与放养池中水温的温差不超过3℃。

二、驯化

鱼苗长到3厘米后开始驯化摄食，驯食的效果直接关系到鱼苗的体质和生长，要认真仔细，应密切关注鱼苗摄食情况。黄颡鱼鱼苗开口后，早期主要以池塘水生动物或底栖动物为饵料，生长到一定规格后，池塘生物饵料已不适口，饵料数量也达不到鱼苗正常摄食需求量。因此，补充饵料成为大规格黄颡鱼鱼苗培育的必要环节。专用黄颡鱼饲料是根据黄颡鱼的营养需求和摄食习惯制成的，投喂专用黄颡鱼饲料是解决池塘饵料不足最有效地途径。最开始黄颡鱼是不喜欢人工饲料的，但通过科学的驯化可以成为黄颡鱼喜欢的美食。

1. 驯化准备

投喂人工饲料之前，必须要保持水质良好，减少池塘生物饵料（尤其是动物饵料）。

（1）水质处理 水质处理主要从两方面进行：一是增加水体透明度，让透明度保持在 30 厘米左右；二是降低氨氮、亚硝酸盐的含量，对 pH 较高的池塘还应降低池水 pH。对水质恶劣的池塘要通过泼洒水质改良剂、注入新水等方法来处理池水。

（2）减少动物饵料总量 黄颡鱼幼苗期，通常采取泼洒豆浆、施生物肥等方法培养动物饵料，黄颡鱼驯化前必须停止这些操作以降低池塘中的动物饵料总量。对于动物饵料比较丰富的池塘，要采取必要的措施将饵料动物杀死。具体做法是：在浮游动物聚集的下风处泼洒晶体敌百虫，泼洒面积占池塘面积的 1/5～1/3，让其浓度达到 0.01～0.02 毫克/升。

2. 驯化时机

驯化黄颡鱼要把握最佳时机，选择合适的规格。当池塘培育黄颡鱼的规格达到 3 厘米左右时开始人工驯化。驯化黄颡鱼还要根据黄颡鱼的规格准备一定粒径的人工饵料。

3. 驯化方法

（1）聚集鱼群 黄颡鱼有顶水习性，冲水可以将黄颡鱼聚集在一起，便于驯化。苗期黄颡鱼一般在池塘边集群，因此，抽水泵口应尽量靠近池边，保持水平，出水量大小以池塘面积而定，以达到最佳聚集鱼群的效果。

（2）设置食场 在泵口鱼群集中的地方设置圆形或方形食场。用直径为 2～4 厘米的圆竹四根（每根长度为 3～4 米），连结成方形围栏，然后将围栏放入池中，放入位置与投饲机投食区域相吻合，再用锚或桩固定（图 3-6）。食场也可以用 PVC 管或 40 目网片剪成窄带做成。

（3）饥饿投喂 在冲水 2～3 小时后开始用手往食场投少量人工

饲料，投喂前要先关闭水泵。投喂的饲料粒径不能太大，通常在 1 毫米以下。在没有适口粒径饲料的情况下，也可以将大粒径饲料用适量的水浸泡后揉碎。投喂时间以晴天太阳落山后与早晨太阳出来前为宜，每天投喂 2 次，每次投喂 30 分钟左右。投喂量视鱼群大小而定，饲料一定要投在食场内。一般经过 3～5 天的驯化，能看见黄颡鱼鱼苗在中上水层摄食（图 3-7），7 天以后能出现黄颡鱼在水面抢食现象（图 3-8），此时可以改用投饲机投食。

图 3-6 人工食场

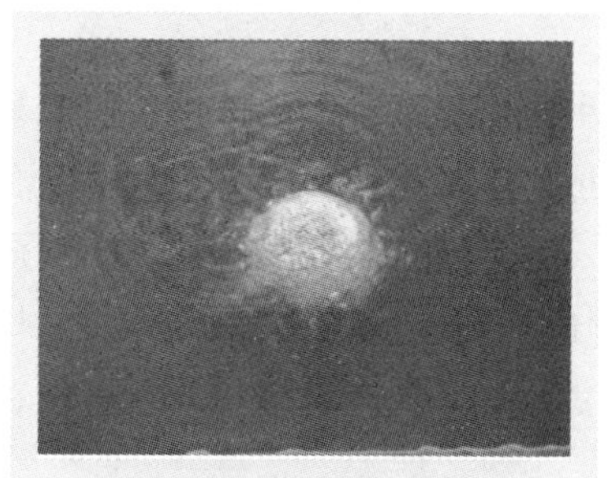

图 3-7 鱼苗驯化吃粉料

图 3-8 鱼苗驯化吃颗粒料

4. 驯化注意事项

人工驯化黄颡鱼是高密度养殖黄颡鱼的关键生产环节，也是高产稳产的重要技术环节。在驯化过程中要注意：饲料粒径选择要合理；驯化期间最好用同一品牌饲料，不要随意更换；不能盲目加大投喂量；投喂时间要固定，阴雨天气视情况少投或不投；冲水泵口不要随意改变方向；食场不要随意移动。

三、苗种的放养

1. 苗种消毒

一般用 2%～3%的食盐水浸泡 5～10 分钟，或用 15～20 毫克/升的高锰酸钾溶液浸泡 15 分钟，或用 1%的聚维酮碘浸泡 10~15 分钟，以杀灭鱼体表的细菌和寄生虫，防止原生动物寄生虫为害。苗种下塘前，鱼篓内水温与放养池水水温的温差不超过 3℃。

2. 品种搭配

主养黄颡鱼的池塘，配养鱼应选择对水质有净化作用的养殖鱼类，主要有鲢鱼、鳙鱼，也可适量搭配团头鲂、细鳞斜颌鲴等其他品种。不宜配养鲤鱼、鲫鱼等杂食性的底层鱼类，因这些底层鱼类的生活习性与黄颡鱼大致相当。黄颡鱼在苗种培育及成鱼养殖阶段可以大量摄食池塘中的浮游动物，所以鳙鱼的放养规格要较小，放养密度要稀。放养大规格鳙鱼易造成抢食饲料现象，影响黄颡鱼的生长。搭配苗种要在黄颡鱼入池半个月以后再投放，以利于黄颡鱼的生长。

四、饲料投喂

1. 饲料选择

黄颡鱼苗种饲料通常用两种：一种是偏天然性的，即以冷冻海棒鱼为主，适量掺面粉、麸皮和多维添加剂，经绞肉机绞挤成软团状分散投到料台周围；二是人工颗粒饲料，随鱼体大小改变粒径和蛋白质含量，一般前期、中期用破碎料，蛋白质含量为 40%以上，后期用直径 1.5 毫米左右的颗粒料，蛋白质含量为 38%~42%，饲料中适当添加虾糠、虾粉和蚕蛹粉效果好。

2. 食台设置

每个鱼塘设置 3~5 个食台，食台距塘边 2 米，饲料投放到食台中间让鱼采食。食台用 4 根 3 米长的竹竿垂直插入鱼塘水中，形成 3 米×3 米的正方形，然后将 20 目（孔径约 850 微米）网片（或彩条布）的 4 个角分别固定在竹竿上，网片距塘底 30~50 厘米，四边拉直，成向上开口的容器。投喂浮性饲料前也应在水面做成框型饲料投喂台，以免饲料随风飘走。

3. 投喂方法

苗种入池 2~3 天后，开始投喂，投喂方法可采用人工投喂与机器两种形式。投喂黄颡鱼专用饲料之前，应先喂饱其他吃食鱼类，以免抢食黄颡鱼专用饲料，因而提高养殖成本和饵料系数。投喂采用

“四定”和“四看”原则，每天投喂3~4次。黄颡鱼喜欢在傍晚和夜间觅食，所以傍晚和夜间要多投喂，尤其以投饵机投喂效果更好（图3-9）。自然条件下黄颡鱼喜欢捕食水生昆虫，如果能在水面上架设黑光灯诱虫，养殖效果将会更理想。无论手工投喂还是机器投喂，每次投喂时间应不少于20分钟，要少投、勤投，以80%~90%的鱼吃饱为度。

图3-9　投饵机投喂

五、日常管理

在整个鱼苗培育过程中，池塘日常管理是一项细致、多方面、经常性的工作，是提高鱼苗成活率，使其快速健康生长的关键，主要做好以下几方面工作。

1）坚持“四定”投饵原则，做到定时、定质、定点、定量。

2）每3~5天清整食场1次，每半个月用（0.3~0.5）$\times10^{-6}$克/米^{3}漂白粉消毒1次，经常清除池边杂草和池中腐败污物，保持池塘环境卫生，防止有害昆虫、病菌的繁殖。

3）每天清晨、傍晚各巡塘1次，观察水色和鱼的活动情况，特别是浮头情况。如浮头严重，应及时加水；观察水质变化情况，掌握施肥投饵的尺度；下午应结合投饲或检查吃食情况巡视池塘，以便发现问题、及时解决。

4）苗种培育期，也是蛙和各种有害水生昆虫繁殖时期，应及时捞出蛙受精卵，以免其抢食苗种饲料。发现水蛇、水蜈蚣、龟鳖等敌害时，应及时处理，水鸟较多的地区要采取有效措施驱赶，以防寄生虫的传播。

5）适时注水，改善水质。浅水下塘，相对提高了水体中浮游生物的密度，有利于鱼苗的摄食，但经过一段时间的培育，鱼苗个体增大，投饲量及排泄物增多，水质变肥变老，溶解氧变低，活动空间变小。而适时注水，可解决这些问题。具体方法是：在水位达到池塘最高水位以前，3~5 天加水 1 次，每次加水 10 厘米左右；达最高水位后，10~15 天换水 1 次，加水时注意防止野杂鱼和敌害生物进入池中。

六、疾病预防

黄颡鱼苗种常见疾病有车轮虫病、斜管虫病、腹腔水肿病和红头病等。前两种病症按常规治疗就能行之有效；后两种病要以预防为主，治疗以内服为主，可定期使用兽用诺氟沙星及中药大黄等制成药饵投喂。有资料介绍黄颡鱼鱼苗在 2 厘米时对敌百虫、灭虫精较其他鱼敏感，所以应慎重使用。生产中发现夏花鱼苗对用敌百虫等药物防病治病无不良反应。此外要坚持实施常规防病措施，如彻底清塘，鱼苗消毒下塘，高温季节勤注新水，15~20 天泼洒 1 次生石灰或漂白粉等氯制剂等。

第四章
掌握苗种运输技术 向运输成活率要效益

第一节　黄颡鱼水花运输

一、黄颡鱼水花收集

水温26~28℃条件下，黄颡鱼初孵仔鱼部分的仔鱼眼已具黑色素，少量仔鱼的眼还处于黄色素期，口尚未形成，听囊及1对耳石清晰可见。胸鳍原基出现，具有1对颌须，肛凹出现，肠管未形成，卵黄囊较大，椭圆形，心脏中的血液透明无色；头顶及体侧具少量黑色素，带有卵黄囊约1.75毫米×1.4毫米，不能自由平游，并具有群聚性。至4~5天时，仔鱼全身具黑色素，可自由平游，此时仔鱼不具群聚性，难以收集。

黄颡鱼水花的收集时间根据运输时间的长短选择，如运输时间长，收集时间选择靠前。目前收集黄颡鱼水花的主要方法是虹吸，即将黄颡鱼集群仔鱼虹吸出池后用小网箱收集。

二、运输方法

目前，黄颡鱼水花主要的运输方法是塑料袋充氧运输（图4-1）。塑料袋规格大多为70厘米×40厘米，袋口呈柄状，袋容积约20升。这种袋子轻便光滑，具有弹性，鱼体在内挣扎、冲撞也不易受伤，缺点是容易破损。黄颡鱼在3厘米以前，胸鳍、背鳍上的硬刺还不太硬，再加之鱼体较小，刺破鱼苗袋的现象很少，所以此阶段的黄颡鱼苗种多采用此法运输。经验表明，6~7月的苗种（气温23~30℃），运程在16~20小时以内，成活率通常在95%以上。袋内装苗密度视具体规格而定，水花出膜后（8～10 日龄）每袋可装苗种 30000～50000 尾；体长 1.5 厘米左右，可装 5000 尾左右；体长 2 厘米左右，可装 1500～2000 尾；体长 2.5 厘米左右，可装 1200 尾左右；体长 3 厘米左右，可装 800～1000 尾。在利用塑料袋充氧运输的过程中，要随时观察苗种的活动情况。有时因为黄颡鱼苗种呼出的二氧化碳在密封的袋中积聚过多，容易使其产生麻痹仰游。遇到这种情况，应立即往袋中注入新水和补充氧气，使其恢复，如果麻痹过久会导致鱼苗大量死亡，而降低运输成活率。在长时间运输时，应同时配备小型的增氧设备，便于在运输途中换水充氧。运输过程中，如果气温较高，可在袋中加少许小型袋装冰块，以降低苗种在运输过程中的新陈代谢，延长运输时间，提高成活率。为了尽快将鱼苗运至目的地，也可采取空运方式。空运要求包装轻量化，并采用较完善的包装容器（图 4-2）。塑料袋充氧密封运输的优点是运输时的体积小、装运鱼苗的密度大、搬运轻便、对鱼苗无损伤、鱼苗成活率高，适合小规格黄颡鱼苗种运输。

图 4-1 塑料袋充氧运输

图 4-2 鱼苗航空运输专用箱

三、注意事项

1. 苗种要求体质健壮、无病无伤

只有体质好、无病无伤的苗种，才有较强的抵抗力，才能适应复杂的长途运输环境和运输前后的操作过程。体质好的苗种，体色鲜艳，躯体饱满匀称、无损伤，规格整齐，游动能力强，应激反应迅速。

2. 苗种在运输前要停食锻炼

刚孵出的苗种，最好在苗种开始吃食前起运。如果苗种孵出时间过长，而苗种的规格又不是很大，此时起运，苗种的运输成活率会降低。运输3厘米以上的苗种，在起运前的1~2天，必须进行拉网锻炼，使苗种预先排出肠内部分粪便，减少体表的黏液，使其体质结实，习惯密集环境，以适应长途运输，并可避免运输途中黄颡鱼粪便和黏液对水质的污染，从而提高黄颡鱼苗种在运输过程中的成活率。长途运输的苗种，必须在运输前一段时间内拉网密集锻炼3次；短途运输只需锻炼1次。在运输时，不宜喂食，以免影响运输水体的水质和消耗运输水体中的氧气，降低运输成活率。

3. 运输时注意调好水温和水质

1）运输水温最好保持在15~25℃，在此范围内，水温越低，苗种的承载量越大。运输时，如果天气炎热，温度高，可在箱内放入适量冰块降低水温。

2）运输用水一定要水质清新、溶氧高、透明度高、未污染。运输到达目的地下塘时，应先测量温度，防止池塘水温和运输水体的水温两者温差太大，一般允许温差在3℃内。如果两者温差超出3℃，则苗种须进行温度适应（图4-3）。具体操作方法如下：先将苗种袋放入池塘，让苗种袋内的水温慢慢与池塘内的水温相近，直至两者温差在3℃以内，然后将苗种袋解开，将苗种慢慢放入池塘内。在运输途中需要换水时，每次的换水量一般不超过容器装水量的1/2，最多不超过2/3，以防因水环境的突变而引起苗种死亡。此外，可以在运输用水中加入少量的食盐，浓度为0.7%~0.9%，以调节苗种体内外的渗透压，并防止苗种因损伤而遭细菌感染。也可以在运输用水中预先放入适量青霉素，浓度为4~8毫克/升，以防止鱼病的发生和水质的恶化。

4. 保持溶氧充足

在运输过程中，要保证黄颡鱼苗种有足够的氧气。除密封充氧运输外，还可用配有氧气储备瓶的活水车运输。为了安全度过运输途中的长时间意外停车或缺氧事故，还可配备一些水体增氧药品，如双氧水（过氧化氢）、增氧灵等。

图 4-3　放养时适应温度

第二节　黄颡鱼夏花、大规格苗种运输

黄颡鱼苗种达到一定规格时，其胸鳍和背鳍上的硬刺可能会扎破充氧用的塑料袋。针对黄颡鱼的这一特点，可根据路程的远近、运输数量的多少以及黄颡鱼苗种规格，采用适宜的运输方法。

一、运输前准备

1. 制订运输计划

运输前制订周密的运输计划，根据黄颡鱼苗种的个体大小、运输数量、运输季节和运输路程等确定运输方法，安排好交通工具。

2. 准备好运输器具

所有运输容器和工具设备必须事先准备好，并经过检验与试用，发现有损坏或不足，应及时修补、添置。同时应准备好一定数量的后备器具。

3. 人员配备

运输前做好起运地、目的地的人员安排，做好装卸、起运、衔接等工作，保证运输顺利进行。

二、运输方法

根据鱼苗大小选择运输方法，当夏花的规格在 3 厘米以内时，可选择塑料袋充氧运输；规格在 4 厘米以上的苗种，就要用不易破损、难刺破的橡胶袋进行运输；如运输量较大，并且运输规格达 4 厘米以

上的苗种，就需要用苗种专用的活水运输箱。

1. 塑料袋充氧运输

具体运输方法见本章第一节相关内容。

2. 橡胶袋充氧封闭式运输

黄颡鱼在达到一定规格后，胸鳍、背鳍硬刺较硬，普通的塑料袋不能作为装运容器。规格在4厘米以上的苗种，就要用不易破损、难刺破的橡胶袋代替塑料袋进行装运。此方法运输的数量不宜过多，每只橡胶袋可装的苗种数量根据运输苗种的大小、运输路程确定。

3. 活水运输箱运输

如果需运输的苗种数量大，规格达4厘米以上，就需要用苗种专用的活水运输箱（图4-4），在箱内放入与箱同等大小的网箱，并使网箱贴壁。

图4-4　活水运输箱运输

三、注意事项

1. 黄颡鱼成鱼在运输前需要停食锻炼

在起运前的1~2天，需要进行拉网锻炼，让黄颡鱼成鱼预先排出肠内部分粪便并减少体表黏液，使其习惯密集环境以适应运输，这样可避免运输途中黄颡鱼粪便和黏液对水质的污染，提高运输成活率。

2. 运输过程中注意水温水质调节

黄颡鱼夏花、大规格苗种运输过程中水温水质的调节措施同黄颡鱼水花运输。

第五章
了解黄颡鱼新品种 向优良种质要效益

第一节　品种选择的误区

一、对苗种认识不够

有些养殖户对苗种认识不够，不知道现在市场上都有哪些苗种。现在市场上流通的黄颡鱼苗种主要有 3 种：普通黄颡鱼苗种、杂交黄颡鱼苗种和全雄黄颡鱼苗种。

普通黄颡鱼苗种，为普通黄颡鱼雌鱼与雄鱼交配繁殖的子代鱼。1996 年从八百里洞庭跃起南下；1997—1999 年初露头角，但仍鲜为人知；2001—2005 年，似星火燎原，迅速蔓延至全国，逐渐形成黄颡鱼产业，跻身淡水养殖的商海之中；2009—2013 年，普通黄颡鱼养殖步入鼎盛时期。四川自产普通黄颡鱼苗种也纷纷涌入黄颡鱼市场。普通黄颡鱼苗种价格回落，种质也较杂乱。近年来受全雄黄颡鱼苗种的冲击，普通黄颡鱼苗种养殖量萎缩，大有被全雄黄颡鱼苗种取代之势。

其他两个品种的黄颡鱼是近期通过全国水产原种和良种审定委员会审定的新品种，将在后面章节详细介绍。

二、对苗种质量把控不严

有些养殖户购买苗种时比较马虎，对苗种的生产日期、老嫩程度、伤病情况缺乏必要的把控，造成老苗、病苗下塘，最终根本养不出鱼。

三、贪图低价苗种

市场上的低价苗种，打着某某养殖场全雄苗种或者杂交苗种的招牌，要求先打定金，金额500~5000元不等；黄颡鱼水花苗种期时，基本分不清是哪种苗种，说的是新品种，其实就是普通黄颡鱼苗种，结果养殖过程中“小毛鱼”偏多，造成巨大损失。有时候也会买到卖不出去的“小胡子”苗。

四、购买苗种的季节把控不对

黄颡鱼属于无鳞鱼，对机械损伤比较敏感，在苗种运输过程中会不可避免地造成擦伤、碰伤、刺伤等情况。如果在早春或深秋购买苗种，此时水温过低，如果低于18℃，苗种放养后不能大量摄食，免疫力低下，不能及时修复损伤，一段时间后，将会造成大量死亡。

第二节　黄颡鱼“全雄1号”

在相同的养殖条件下，黄颡鱼雄性比雌性生长快1~2倍。生产上如果养殖全雄性黄颡鱼，必将大幅度提高产量和经济效益。水利部中国科学院水工程生态研究所、中国科学院水生生物研究所和武汉百瑞生物技术有限公司合作，采用细胞工程和分子标记辅助育种技术培育YY超雄黄颡鱼，再由超雄鱼与普通雌鱼交配，生产全雄黄颡鱼（黄颡鱼“全雄1号”）（彩图4），为国际上第二例利用超雄鱼实现规模化繁育全雄鱼的案例。

黄颡鱼“全雄1号”于2010年12月通过全国水产原种和良种审定委员会新品种审定（GS-04-001-2010）。黄颡鱼“全雄1号”具有全雄性、生长快、饲料系数低、规格整齐、种源可控等特点，比普通黄颡鱼增产约35%，具有良好的市场应用前景，可在国内各地养殖，适合于池塘养殖、网箱养殖、稻田养殖等多种养殖模式。

黄颡鱼“全雄1号”与普通黄颡鱼相似，属温水性鱼类，对环境的适应能力较强，生存温度0~38℃，最佳生长温度25~28℃，pH范围6.0~9.0，最适pH为7.0~8.4。水中溶氧在3毫克/升以上时生长正常，低于2毫克/升时出现浮头。其性成熟年龄为1龄，长江流域繁殖季节为5~7月。

一、“全雄1号”的特点

1. 雄性率高

苗种的雄性率达到100%（广东一带靠筛选，雄性率不高）。

2. 生长速度快

在人工饲养条件下，黄颡鱼“全雄1号”较普通黄颡鱼生长速度大大增加，但1龄鱼平均体重也在50g以下，而在相同养殖条件下1龄黄颡鱼“全雄1号”比普通黄颡鱼平均生长速度快30%~40%，2龄鱼快1~2倍。

3. 规格整齐

因全部为雄性，规格大而且整齐，养殖生长体型变异小。

4. 产量高、效益好

在相同养殖条件下，由于黄颡鱼“全雄1号”比普通黄颡鱼增产30%以上，同时规格大25~50克，按一般亩产800~1000公斤算，养殖黄颡鱼“全雄1号”比普通黄颡鱼每亩增加效益5000元以上（利润2000元以上）。

黄颡鱼“全雄1号”养殖技术与普通黄颡鱼基本相同，适应性强，适合淡水中的不同水面和不同的养殖模式。

二、养殖现状及苗种生产供应

由于市场的拉动，加之养殖效益好，近年逐步形成了黄颡鱼养殖热潮，在广东、湖北、湖南、四川、辽宁等很多地方已经养殖多年，养殖技术已经比较成熟，华中地区一般主养亩产可以达到1000公斤以上。广东地区池塘养殖较多，均养殖雄鱼（筛选），一般亩产量达到1500多公斤，高的可达到3000多公斤。

黄颡鱼“全雄1号”新品种研究成功并开始推广后，各地开始兴起养殖“全雄”热，一般养殖可亩产1000公斤，产值20余万元，广东地区效益更高。目前湖北省已有天门、鄂州、松滋、武汉的蔡甸和江夏、黄石、监利等地开始规模养殖，年生产鱼苗5亿~7亿尾，苗种供不应求。

由于种源可控制，苗种生产采取定区域、定厂家、定数量、定质量的方式建立二级苗种生产供应体系，实现区域化、规模化、标准化

的生产，保证品种质量。

三、主要养殖模式

1. 池塘单（主）养

池塘单养即在池塘中专养黄颡鱼“全雄1号”。池塘主养即在池塘养殖黄颡鱼“全雄1号”中套养部分与其不争食的鱼类，一般黄颡鱼“全雄1号”占80%以上，再配以滤食性花白鲢控制水质。广东大部分为单养模式，一般亩放3~5厘米苗种2万尾，经过5~6个月的饲养，亩产可达1500千克左右；长江中游地区大部分为主养模式，一般亩放冬片苗种6000~8000尾，50~80克/尾花白鲢50~100尾，经过7~8个月饲养，亩产可达750千克左右。

2. 池塘一年养成商品鱼

池塘一年养成商品鱼即当年的鱼苗经过10~12个月的养殖，直接养殖成商品鱼。在广东百容的养殖试点中，大部分养殖户为池塘一年养成商品鱼模式，一般投放3~4厘米的苗种1.5万~2万尾，当年可长到100克左右。湖北部分地区也采用周年养成商品鱼方式，当年的鱼苗养殖到第二年5~6月起捕，养殖规格可达70克以上。

3. 池塘套养

池塘套养即在池塘常规养殖时，套养少量黄颡鱼“全雄1号”。这种养殖模式不但不需增加投饵施肥、不影响常规鱼类的生长，反而可有效利用池塘中的生物饵料，防治部分鱼病，使池塘水质、资源得到综合利用和生态良性循环，是一种简便可行、成本低、见效快、收益高的养殖模式。一般每亩套养3~5厘米苗种800~1000尾，可亩产成鱼40~50千克。

4. 网箱养殖

网箱养殖为黄颡鱼“全雄1号”高密度、规模化、集约化养殖方式，在水源有保证的大中水库、湖泊、河流等水体均可挂网箱养殖。网箱养殖有养殖苗种和成鱼两种，养殖苗种一般是放养2~3厘米的苗种4000~5000尾/$米^2$，养殖成冬片30~40千克/$米^2$。网箱养殖成鱼一般放养密度为3~4厘米苗种1000尾/$米^2$，5~6厘米苗种600~800尾/$米^2$，8~10厘米苗种400~500尾/$米^2$，养殖6~7个月，产量为 40 千克/米^2 左右。

第三节 杂交黄颡鱼“黄优 1 号”

杂交黄颡鱼“黄优 1 号”（GS-02-001-2018）（彩图 5）于 2018 年经全国水产原种和良种审定委员会审定为新品种。该品种以长江流域湖泊中野生黄颡鱼和长江流域岳阳段至武汉段野生瓦氏黄颡鱼为选育对象，以体重为主要选育目标，通过群体选育方法培育生长速度快、生长性能稳定的黄颡鱼母本群体及瓦氏黄颡鱼父本群体，进一步通过杂交制种技术，繁育出生长速度快的杂交黄颡鱼“黄优 1 号”(黄颡鱼♀×瓦氏黄颡鱼♂，图 5-1)。

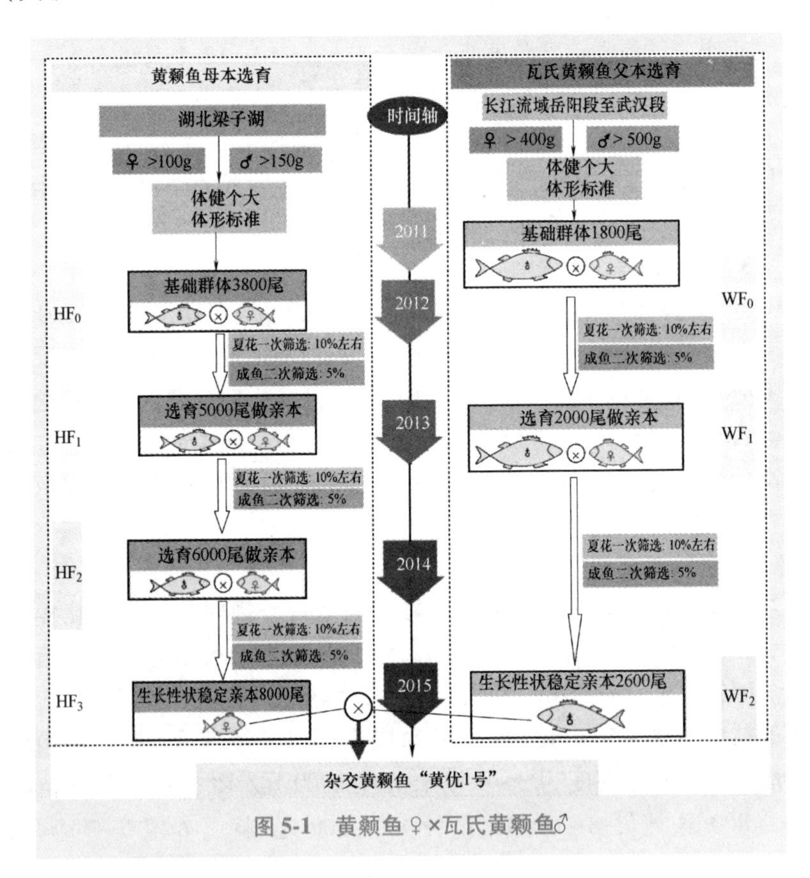

图 5-1 黄颡鱼♀×瓦氏黄颡鱼♂

一、“黄优1号”培育过程

1. 黄颡鱼群体选育过程

黄颡鱼一年性成熟，经连续选育三代，培育出杂交黄颡鱼“黄优1号”的母本群体。2015年育成杂交黄颡鱼“黄优1号”后，每年继续进行黄颡鱼选育，补充选育亲本。

2011年开始，为了获得优质的黄颡鱼选育基础群体，项目组从长江流域水系引进四个大型湖泊（梁子湖、洪湖、洞庭湖和鄱阳湖）的黄颡鱼群体，选择有活力、体质健壮、体表无伤无寄生虫的个体，从中选择雌性体重在100克以上，雄性体重在150克以上的个体，经专池分别培育，群体内繁殖获得水花，每个群体水花单独养殖，夏花和成鱼分别以生长为主要指标进行强度筛选，通过生长性能对比实验，最终以生长速度明显较快的梁子湖群体作为下一代选育的群体。

之后以同样的方法对梁子湖黄颡鱼群体进行第二代和第三代选育，同样在夏花和成鱼阶段分别以生长为主要指标进行强度筛选，最后获得杂交黄颡鱼“黄优1号”的母本群体。

2. 瓦氏黄颡鱼群体选育过程

瓦氏黄颡鱼两年性成熟，经连续选育两代，培育出杂交黄颡鱼“黄优1号”的父本群体。2015年育成杂交黄颡鱼“黄优1号”后，每两年继续进行瓦氏黄颡鱼选育，补充选育亲本。

2011年，引进长江流域岳阳段至武汉段的野生瓦氏黄颡鱼，选择个体大、体型体色符合要求、活力好、体表光滑有光泽、体表无伤无寄生虫的个体，选留作为瓦氏黄颡鱼选育的基础群体，从中选择雌性体重在400克以上，雄性体重在500克以上的个体，经专池培育，人工繁殖获得水花，在夏花和成鱼阶段分别以生长为主要指标进行强度筛选，选留足够数量的个体作为下一代选育的群体。

之后以同样的方法对瓦氏黄颡鱼群体进行第二代选育，同样在夏花和成鱼阶段分别以生长为主要指标进行强度筛选，最后获得杂交黄颡鱼“黄优1号”的父本群体。

二、“黄优1号”品种特性

1. 生物学特性

“黄优1号”的体形体色与普通黄颡鱼非常接近。“黄优1号”杂交黄颡鱼适温范围广，最适生长温度范围为22~28℃；较耐低氧，在溶氧2毫克/升以上时能正常生存；适合偏碱性的水环境，最适pH的范围为7.0~8.5。

2. 优良性状

1）杂交黄颡鱼“黄优1号”具有明显的生长优势，相同养殖条件下，杂交黄颡鱼“黄优1号”1周龄生长速度较本地普通黄颡鱼快24.17%~35.45%。

2）杂交黄颡鱼“黄优1号”成活率比本地的普通黄颡鱼高29.29%~33.04%。

3）在12000尾/亩放养密度下，杂交黄颡鱼“黄优1号”的养殖产量、规格、个体整齐度和饵料系数显著优于普通黄颡鱼，达到上市规格时间较普通黄颡鱼时间缩短。

4）与父本瓦氏黄颡鱼相比，品质和市场接受度提高。

杂交黄颡鱼“黄优1号”生长快、成活率高、增产效果明显。此外，杂交黄颡鱼“黄优1号”基本未发现普通黄颡鱼常见的红头病，较普通黄颡鱼更耐运输，“毛毛鱼”比例明显降低，深受广大养殖户和消费者的欢迎，是非常适合在全国范围内推广养殖的黄颡鱼新品种。

三、“黄优1号”规模化繁殖技术

1. 亲本来源与培育

“黄优1号”的亲本是通过群体选育方法获得生长速度快、生长性能稳定的黄颡鱼母本群体及瓦氏黄颡鱼父本群体，应从具有“黄优1号”良种供应资质的单位引进。亲鱼培育池为土池最佳，底质淤泥厚度不超过20厘米，池塘面积3~8亩，水深1.8米左右，配套1.5千瓦的增氧机1~2台。投放亲本密度在300~400千克/亩，亲鱼培育使用黄颡鱼专用浮性颗粒配合饲料，蛋白质含量在40%~42%，日投喂量为鱼体重的1%~5%，根据水温、水质、鱼摄食情况相应增减。在繁殖前40天进行强化培育，每天拌喂鱼糜1次，占日投喂量

的10%，并定期投入用搅拌机磨碎的螺蛳、河蚌、鱼肉、小虾等，保证性腺发育所必需的营养元素。每隔7~10天向亲鱼池冲新水1次，刺激亲鱼性腺发育。当池塘水温稳定在26℃以上时，可以进行杂交黄颡鱼“黄优1号”的人工繁殖。

2. “黄优1号”催产亲鱼的选择

雌性亲鱼选择个体在100~150克，腹部膨大，生殖孔扩张，宽而圆，呈微红色，手摸亲鱼腹部，有松软而富弹性的感觉。用挖卵器从亲鱼生殖孔内取出少许卵样，将卵样放入培养皿中，加入透明液，5分钟后进行观察。成熟卵子大小整齐，颗粒饱满，光泽强，易分散，全部或大部分卵子卵核偏位。雄性亲鱼选择3龄以上、个体重量500克以上、性成熟的瓦氏黄颡鱼亲本。在繁殖季节，选择胸鳍第一根鳍条背面有明显珠星、有显著乳白色生殖突起的雄鱼，且在生殖突起的末端呈明显的微红色。成熟亲本的精巢呈高度分支的指状，乳白色，饱满圆厚而有光泽。

3. 催产

催产在流水水泥池中进行，催产池面积6~16米^2，水深0.6~0.8米，水温24~26℃。催产药物采用LRH-A_2（促黄体素释放激素类似物）和HCG（人绒毛膜促性腺激素）混合，药量为每千克雌性亲鱼用LRH-A_2 20~35微克、HCG 800~1300单位，在温度稍低的情况下可增加DOM（地欧酮），用量为4~5毫克/千克体重，在雌性亲鱼发育不够完全的情况下，可以适当增加HCG的用量，雄鱼亲鱼用量减半。雌性亲鱼采用两次胸鳍基部注射法或背鳍基部注射法，每次注射用剂量一般按每尾亲鱼0.2~0.5毫升，第1次注射总药量的1/3，间隔12~14小时进行第2次注射，两次注射应在两侧胸鳍或背鳍两侧分别注射，防止第2次注射时药物在第1次注射的针孔流失，造成药物的浪费。雄性亲鱼在雌性亲鱼第2次注射时一次性注射。雌性亲鱼在第2次注射完药物后，当水温在25~26℃时，效应时间为10~12小时。效应时间在其他条件相同时，与水温呈负相关，水温越高，效应时间相对越短。

4. 授精与孵化

（1）授精　亲本注射完催产剂后返回亲本暂养池，雌雄鱼分开暂养。在效应时间前1个小时左右，观察雌雄鱼的动态，抽样检查雌鱼。用手从胸鳍往后挤压腹部，以是否可以挤出卵粒来判断雌鱼的成熟程度，待60%~70%的个体能顺利挤出大部分卵粒时即可开始人工授精。挤卵与杀雄取精同步进行，每3~4千克卵与一尾雄鱼精液通过“半干法”进行人工授精，加少量盐水（0.3%~0.5%）后再混合均匀，然后加入经80目网过滤的黄泥浆水或滑石粉进行脱粘处理，搅动3分钟左右后转入流水孵化桶或孵化槽进行孵化。

（2）孵化 通常采用脱粘后流水孵化，孵化密度为60万~70万/米^3，流速为0.2~0.3米/秒。经常清洗孵化槽的滤网，特别是受精卵刚入槽和出膜时。受精卵开始脱膜后4~8小时，用筛网将受精卵分批次捞至不锈钢脸盆中，利用正常发育脱膜受精卵的密度高于死卵和发霉的受精卵这一特性，剔除掉死卵和发霉的受精卵，将正常发育的受精卵转移至另外已准备好的孵化槽中继续进行孵化。当孵化箱内95%以上的受精卵脱膜12小时后，方可出苗至暂养池暂养。

孵化用水应符合《渔业水质标准》（GB 11607—1989）的规定：水质清新，溶氧充足（溶氧量5毫克/升以上），pH为7~8；不得检出氨氮及亚硝酸盐，无毒无害，孵化用水必须经过70~80目尼龙筛绢过滤，以防止敌害生物。

四、“黄优1号”健康养殖技术

1. 健康养殖模式和配套技术

杂交黄颡鱼“黄优1号”主要采取主养的养殖模式，根据不同地区的气候和养殖条件、市场需求等具体情况分为当年养成模式、周年养成模式和大规格养成模式。

（1）当年养成模式 放养已驯食人工饲料4~5厘米规格的“黄优1号”苗种1.2万~1.3万尾/亩，搭配鲢鱼50尾、鳙鱼30尾。该养殖模式具有养殖成本较低，饲料利用率高，饵料系数低等优点，当年“黄优1号”规格可达80~100克，每亩产“黄优1号”1000千克左右。

（2）周年养成模式 放养已驯食人工饲料4~5厘米规格的“黄优1号”苗种1.5万尾/亩左右，搭配鲢鱼50尾、鳙鱼30尾。该养殖模式具有养殖产量高，效益好等优点，周年“黄优1号”规格可达100~150克，每亩产“黄优1号”1250~1500千克。

（3）大规格养成模式 放养已驯食人工饲料4~5厘米规格的“黄优1号”苗种1.0万~1.2万尾/亩，搭配鲢鱼50尾、鳙鱼30尾。第二年年底“黄优1号”规格可达150~200克，每亩产“黄优1号”1500千克左右。

2. 主要病害防治技术

在黄颡鱼“黄优1号”养殖过程中可能出现寄生虫病、腹水病和赤皮病等病害。

（1）寄生虫病 常见寄生虫病为车轮虫病，主要症状表现为打转、不吃食、离群等。建议治疗方法，用1.2~1.5毫克/升硫酸铜和硫酸亚铁合剂（5∶2）全池泼洒。同时用中草药免疫增强剂拌入饵料中内服5~7天，具体用量可以参照厂家药品使用说明。此外，养殖周期内养殖水体管理不当，容易爆发小瓜虫病，主要症状表现为体表和腮部有肉眼可见的白点状虫体和包囊，游泳迟缓，成群浮于岸边。小瓜虫病不能用杀虫的方法进行治疗。通过调节水质，保持池塘水体维持一定的肥力，保持水体的藻、菌相平衡，控制池塘中浮游动物数量等方法，能有效预防和控制小瓜虫病的爆发。

（2）腹水病 俗称“大肚子病”，主要症状为腹部膨大，解剖后发现腹腔内有大量积液，通常伴有肝脏病变。常见于苗种期间，由于苗种摄食量大、生长快速导致肝脏代谢负荷过大。建议预防和治疗方法为：适度控制或减少投喂量，内服大蒜素和三黄散等保肝护胆中草药，外用消毒杀菌类药物，然后进行追肥调水，保持水质良好。

（3）赤皮病 俗称腐皮，常见于入冬前、越冬后，因拉网等操作导致鱼体体表受伤，一般鱼体体侧和腹部呈现发炎充血状态，体表黏液增多。建议入冬前、越冬后尽量减少拉网操作。治疗方法为：外用复合碘制剂进行消毒，入春之后，根据水温情况及时肥水，调节水质，保持水质良好。

黄颡鱼“黄优1号”具有较强的抗病能力，对目前黄颡鱼养殖中危害最大的爱德华氏菌（裂头病）有一定的抗性。鱼病防治要坚持“以防为主，防治结合”的原则，病害预防的方法有：鱼苗下塘前做好鱼塘和鱼苗的消毒工作；放苗前一周，每亩用生石灰全池泼洒消毒，鱼苗用3%~5%盐水浸洗5分钟，或者20毫克/升高锰酸钾溶液浸浴20分钟；经常保持池塘卫生，随时清除池边杂草和残渣余饵；在鱼病易发的高温季节，一般每20天左右进行一次严格的消毒工作，如全池泼洒一次生石灰水，每次每亩使用生石灰10~15千克，当有鱼病发生时，在发病早期应及时诊断病情，针对性开展治疗。

第六章 选择适宜的养殖模式 向模式要效益

第一节　黄颡鱼池塘主养模式

一、池塘选择与清整消毒

选择水质良好、水源充足，水深在1.5米以上，面积为1500~7000米^{2}的池塘。对于池底淤泥超过10厘米的池塘，必须清除过多的淤泥。清除淤泥后，池塘不要立即注水，要在阳光下曝晒数日后，再进行清整消毒。放养前5~10天，每亩水面要用生石灰50~75千克或漂白粉7~10千克溶解化浆全池泼洒。

二、苗种放养与品种搭配

一般在春季放养苗种，放养的苗种体重一般为20克/尾以上，苗种规格以10~15厘米、体重15~35克为佳，每亩放10000~12000尾，并配养鲢鱼、鳙鱼苗种各100尾，用以调控水质。还可搭配鳙鱼夏花1000尾/亩，白鲢夏花3000尾/亩。放养苗种前，应用3%~5%的食盐水浸洗10~15分钟。

三、饵料与投喂

1. 选用饲料

饲料主要选用黄颡鱼专用配合颗粒饲料，以免造成黄颡鱼体色发生变化。应根据苗种规格大小选择适宜的颗粒直径，既可选用沉性饲料，也可选用浮性颗粒饲料。投喂浮性配合饲料，容易把握投料量，减少浪费，便于观察鱼类活动情况，发现问题可及时处理。一般配合饲料的蛋白质含量要求在38%~42%。由于黄颡鱼为以肉食性为主的杂食性鱼类，在投喂人工配合饲料的同时，有条件的可将小鱼、小虾、螺蚌肉、畜禽下脚料等动物性原料绞碎，用3%~8%的面粉作为黏合剂，充分搅匀后，放在饲料台上投喂。人工配合饲料可参照下述配方进行配制：鱼粉30%~40%，菜饼10%~35%，豆饼20%~30%，次粉15%~18%，米皮糠10%~15%，诱食促长添加剂2%~5%。已经驯食的繁种苗可直接投喂人工饲料，天然种苗还须经驯食1周左右才能正常摄食人工饲料。

2. 食台设置

食台设置应根据池塘面积和养殖产量科学设置，一般每个鱼塘设置3~5个食台，食台距塘边2米，饲料投放到食台中间让鱼摄食。食台用四根3米长的竹竿垂直插在鱼塘水中，成3米×3米正方形，然后将20目网片（或彩条布）的4个角分别固定在竹竿上，网片距塘底30~50厘米，四边拉直，成向上开口的容器。浮性饲料也应在水面做成框型饲料投喂台，以免饲料随风飘走。

3. 投喂方法

鱼种入池2~3天后，开始投饲，投喂方法可采用人工与机械投饵两种形式。投喂黄颡鱼专用饲料之前，应先喂饱其他吃食鱼类，以免抢食黄颡鱼专用料。投喂采用“四定”和“四看”原则。

（1）四定 四定即定时、定点、定质、定量投喂饲料。

1）定时。黄颡鱼在自然状态下的摄食行为受光线强度、温度高低等影响较大，多表现为昼夜节律性变化。黄颡鱼的摄食行为是一种条件反射式的生理活动，通过人为驯化可以一定程度地得以改变。因此，在人工养殖条件下确定投饵时间既应考虑其原有的摄食节律，也可以通过一定的时间和手段的驯化，使其改变夜间摄食的习性，便于生产管理，提高饲料利用率。投饵时间一旦选定或经驯化后已经形成定时摄食行为，则不宜经常变动，以免扰乱其摄食节律。一般当水温10~15℃时，投饵时间应安排在气温较高的中午进行，随着水温逐渐升高，日投饵次数增加，在7:00~9:00和19:00~20:00进行。

2）定点。定点投喂对群栖性的黄颡鱼来说，更是必要的，这样既便于检查鱼的摄食情况，及时掌握投喂量，也易于清理残饵和防治

疾病。必须在池塘中搭设用竹筛、20目以上的网布制成的食台，使黄颡鱼养成在饵料台上摄食的习惯。如果有些地方池塘底部淤泥极少，可在池塘四周固定几个投喂饲料点。

3）定质。定质就是要确保饲料的质量，在饲养中不投喂霉烂的饲料，投喂的饲料要基本稳定，若时常变换饲料配制往往影响黄颡鱼正常摄食。自行配制生产的配合饲料必须加工到一定的细度，如细度不够则直接影响黄颡鱼的消化吸收。

4）定量。夏季的投喂量（日投饲率）一般为鱼体重的3%~5%，日投饲2次，喂九成饱即可。春冬季的投喂量为鱼体重的0.1%~2%，采用饱食法，日投饲1~2次。由于黄颡鱼惧光，在太阳光强的时候，吃食很少，因此早晚应多投些饲料。考虑黄颡鱼晚间摄食的生活习性，上午投喂为全天量的1/3。

（2）四看　所谓“四看”，就是掌握了日投饲量后，还得看季节、看天气、看水质、看鱼的吃食与活动情况，以确定实际投饲量，适时适量进行调整。

1）看季节。根据不同季节调整投饲量，通常是6~10月为投饲的高峰月；3~5月及11月，投喂少量饲料；冬季水温过低，可不投喂饲料。

2）看天气。根据当天的气候变化决定当天的投饲量，如阴晴骤变、酷暑闷热、雷阵雨天气或连绵阴雨天，要减少或停喂饲料。

3）看水质。根据池水的肥瘦、老化与否确定投饲量。水色好、水质清淡，可正常投饲；水色过浓、水蚤成团或有泛池的征兆，就停止投饲，等换注新水后再喂。

4）看鱼的吃食与活动情况。这是决定投饲量的直接依据。如池鱼活动正常，在1小时内能将所投喂的饲料全部吃完，可适当增加投饲量，否则就应减少投饲量。

四、日常管理

每天早晚各巡塘1次，注意观察水质变化和鱼的活动情况。晴天中午开增氧机，阴天次日凌晨开增氧机，阴雨连绵或水质较肥时，需预防浮头，在当天午夜前开增氧机。有条件的可每半个月换水1次，每次换水20~30厘米，以保持水质清新，溶氧充足。生长季节（4~9月）每隔15~20天全池泼洒1次生石灰，用量为10~15千克/亩，调节池水pH为6.8~8.5。如果水源条件不好，可用底质净、调水解毒王、光合细菌等调节水质，每隔15~20天使用1次。

五、疾病预防

坚持“以防为主，防重于治”的方针，切实做好疾病的预防，主要措施如下。

1）彻底清塘，严格消毒。

2）苗种放养时，要用食盐等药物浸浴消毒。

3）放养体质健壮、无病害的苗种。

4）投喂新鲜、优质饲料，坚持“四定”“四看”投喂方法，不施用未经过发酵的粪肥。

5）加强水质管理，定期注、换新水。

6）定期泼洒药物消毒水体与口服药物，坚持对饲料台、食场进行消毒。

7）发现鱼病，及时诊治。应注意，黄颡鱼为无鳞鱼，对硫酸铜、高锰酸钾、敌百虫等药物比较敏感。

第二节　黄颡鱼网箱主养模式

一、水域的选择

选择背风向阳、水深4米以上的库湾、湖泊、河道等水域安置网箱。

二、网箱的制作与安装

采用聚乙烯，规格为长3米、宽3米、深1.6米或长4米、宽4米、深1.6米，外层网目3厘米，内层网目1厘米（图6-1）。网箱用毛竹做漂架，采用锚绳固定，成“一”字型（图6-2）或“品”字型排列。

图 6-1　网箱制作

图 6-2　网箱的安装

三、苗种的放养

放养密度为尾重 25 克的 600 尾/米^2，苗种入箱时，用3%~5%的食盐水溶液浸浴 10~15 分钟，浸浴时间不宜过长，黄颡鱼属于无鳞鱼，对药物的耐受力相对较差。

四、投饲管理

在自然状态下黄颡鱼主要以浮游生物、水生昆虫、螺蛳、小鱼虾等水生动物为主，也能摄食部分水草、腐屑等饵料。人工饲养时可将小鱼虾、螺蚌肉、畜禽加工下脚料、鱼粉等动物性饲料与豆饼、花生饼、豆渣、麸皮等植物性饲料粉碎后，搅拌均匀做成人工配合饲料投喂。黄颡鱼对饲料的一般要求是：粗蛋白质含量在 35%~45%，动植物蛋白的含量比例为（3~5）：1，脂肪含量在 5%~8%。养殖户在自己配制饲料时应注意在饲料中添加 1%左右的无机盐及适量的多种维生素。在高温生长旺季可适量添加抗生素类药物，每月投喂 1~2 个疗程，以防细菌性疾病。苗种刚下塘时摄食量较少，3~5 天后能养成集群摄食的习惯。正常吃食后，4 月以前饵料投喂量为鱼体重的 1%~3%，生长旺季每天饲料投喂量为存塘鱼体重的 4%~6%。一般每天 9:00~10:00 和 17:00~19:00 时各投喂 1 次，上午投喂全天的 1/3，下午投喂 2/3。饵料投喂时注意“四定”“四看”原则。

五、日常管理

每隔7~10天清洗网箱网衣1次，每天清洗饲料台1次。为防止破箱逃鱼，每天应认真观察、检查网衣是否破损、滑节，并及时修补。炎热季节应在网箱上覆盖遮阳网（图6-3）。

图6-3　覆盖遮阳网的网箱

六、病害防治

黄颡鱼病害较少，但一旦发病往往损失较大。因此，网箱养殖过程中应注重预防鱼病发生，定期在网箱中泼洒生石灰、漂白粉或其他药物消毒。

第三节　黄颡鱼池塘工程化生态养殖模式

池塘工程化生态养殖系统（图6-4）是将主养品种集中在新型设施中进行集约化养殖，利用新型设施运行产生循环水流，同时，将废弃物清除出水体，达到高效、生态、低碳、循环的目的。池塘工程化生态养殖系统是新型集约化养殖设施，该系统可利用现有的池塘进行改造，投入的成本相对较低。该模式与传统模式相比，其好处在于：养殖鱼类始终在高溶氧的流水中生长，生长速度快，成活率高；单产高，饲料系数较低；防病、治病容易，生产管理便利，起捕方便；适宜多品种，多规格同时养殖，做到均衡上市，加速资金周转，有效降低生产成本。

图 6-4　池塘工程化生态养殖系统

一、养殖环境

（1）池塘环境条件　池塘环境应符合 NY/T 2798.13—2015 的规定。

（2）水源水质条件　水源充足、水质良好、排灌方便、无对养殖环境构成危害的污染物，水源水质应符合 GB 11607—1989 要求。池塘水质应符合 NY 5051—2001 的规定。

（3）池塘条件　池塘形状以长方形、东西走向为宜，池底平坦，不渗漏。面积在 20~50 亩，水深 1.5~2.5 米。

（4）设备设施　每口池塘建有池塘工程化生态养殖系统水槽、推水设备、导流端增氧设备。养殖水槽面积占池塘总面积的 2%~5%。

二、放养前准备

（1）清塘消毒　用生石灰化水后立即全池泼洒消毒，每亩用生石灰 100~125 千克。

（2）拦鱼网安装　选择网眼规格与苗种规格相适应的拦鱼网安装于预制的插槽内，并检查严密程度。

（3）注水　池塘曝晒 10~15 天后注水，注水时在进水口用 80 目筛绢过滤除杂。注水至最高水位。

（4）设备检修　打开所有用电设备设施，试运行，发现故障及时修理，应注意检查备用发电设备是否正常运行。

（5）空载运行　打开所有推水机，空载运行 5～7 天，让池塘进入微循环状态，构建稳定的生态系统，保持水质稳定。

三、净化区配置

（1）水生植物配置　水生植物配置采用浮床固定，植物种类可以采用圆币草、眼子菜、水芹、空心菜等，水生植物配置面积占水面面积的 20%～25%。

（2）水生动物配置　水生动物配置采用挂袋式，水生动物种类可以采用年龄小于 2 龄的幼蚌、螺蛳等，配置数量为每亩配置 100～150 千克。

四、苗种放养

（1）放养时间　放养时间为 4 月中下旬～5 月上旬，水温稳定在 18℃以上时。

（2）放养密度　每槽放养苗种 6 万～8 万尾，同时水槽外每亩搭配鲢鳙鱼 30～40 尾，匙吻鲟 20～30 尾。

（3）放养规格　黄颡鱼苗种规格为 30～50 克/尾，鲢鳙鱼规格为 200 克/尾以上，匙吻鲟体长 10 厘米以上。

（4）苗种要求　要求放养苗种外表光滑，无病无伤，经检疫无特定流行病原。

池塘工程化生态养殖系统苗种放养如图 6-5 所示。

图 6-5　池塘工程化生态养殖系统苗种放养

五、日常管理

（1）消毒　苗种入池后 3 天内，每天消毒 1 次，用药符合 NY 5071—2002 的规定。

（2）底增氧调节　根据苗种放养的规格和数量调整底增氧的大小，每条水槽运行底增氧的功率为 0.5~1 千瓦。

（3）推水机切换　入池 5~7 天后，待苗种基本适应水槽环境后，开启推水机，同时关闭水槽底增氧。

（4）水流调节　水流速度通过调整推水机气流大小来控制，水槽前端流速控制在 0.1~0.15 米/秒，水槽后端流速为 0.02~0.05 米/秒。

六、投喂

（1）饲料　以投喂质量稳定的黄颡鱼专用饲料为主，饲料质量应符合 GB 13078—2017 和 NY 5072—2002 的规定。

（2）投饲机设置　设置专用的投饲机，做到定时定量投喂。

（3）拦料网的设置　在养殖水槽前端的 1/3 处设置一道拦料网，可用密眼聚乙烯网布从水槽口延伸至水面以下 30 厘米。

（4）驯化　苗种入槽后经过 3~5 天的维护期，在水槽前段发现成群黄颡鱼在顶流巡游时即可进行人工驯化。开始驯化时，打开投饲机，以小微量进行投饲，投喂量为鱼体重量的 1%~2%，日投喂 2~3 次，一般 3~5 天就能驯化，使苗种上水面群体摄食。

（5）投饲量　苗种驯化群体摄食后，投饲量一般控制在鱼体重量的 2%~3%，以 1 小时内吃完为宜。

（6）投喂时间　每天投喂 3 次，8:00~9:00、11:00~12:00 和 16:00~17:00。

七、水质调控

1）养殖全程坚持每 15~20 天使用芽孢杆菌或 EM 菌等微生态制剂 1 次，全池泼洒，分解塘底与水体中的残饵粪便等有毒有害物质，净化水质。

2）合理使用水槽底增氧机，水槽外推水机，促进池塘水体循

环，保证水体溶氧充足。

八、巡塘记录

坚持每天早中晚三次巡塘，仔细观察鱼种的活动、摄食及生长情况，及时做好饲料投喂、水质调控、病害预防、清除敌害生物等日常管理措施，做好池塘日志记录。

九、病害防治

病害防治贯彻“预防为主，防治结合，防重于治”的基本原则，尽量避免鱼病的发生。一旦发现鱼病，及时对症用药，渔药的使用按照 NY 5071—2002 的规定执行。

鱼病的休药期按照 NY 5070—2002 的规定执行。

十、捕捞收获

（1）收获时间 达到商品鱼规格或根据市场需求捕捞上市。

（2）捕捞方法 采用带支架的网箱从尾端兜向前段的捕捞方式，可将成鱼一次性捕捞干净。

第四节 黄颡鱼与加州鲈鱼混养模式

近年来，在南京溧水县鲈鱼养殖区开展了加州鲈鱼套养黄颡鱼养殖模式的探索，每亩产加州鲈鱼达 750 千克，每亩增产黄颡鱼达 110 千克。加州鲈鱼与黄颡鱼混养新模式的成功应用，既大力提高了养殖户的养殖效益，又有效地解决了加州鲈鱼套养优质品种缺乏的难题。

一、塘口准备

塘口面积为 10 亩，水深 1.5~2 米，池底淤泥深 20~30 厘米，鱼池东西向，背风向阳，呈长方形。池塘水源充足、水质清新、无污染，进排水通畅。放养前经过清整、冬季曝晒后，每亩池塘用 60 千克的生石灰化浆后全池泼洒，7 天后注水，每亩池塘施用发酵粪肥 80 千克。

二、苗种放养

加州鲈鱼苗经驯化后放养，时间在 5 月中下旬，水温达到 18℃，

放养规格为6~8厘米，每亩放养2000尾；6月每亩放3~5厘米黄颡鱼苗1200尾，另每亩放养白鲢60尾、鳙鱼20尾。苗种要求体质健壮、鳞片完整、规格均匀、无伤病，放养前用3%~5%食盐水或亚甲基蓝等药物浸浴15分钟后再下塘。

三、饲养管理

1. 投喂管理

按照传统喂食方法，选择海水冰鲜鱼投喂，要求冰鲜鱼干净、无污染，不投喂已变质腐败和发病过的饵料鱼。冰鲜鱼的鱼块大小要适口，投喂初期要用手一点点将鱼块抛投入塘中，给加州鲈鱼造成活饵游动的错觉，从而引诱加州鲈鱼的抢食。每天投饲2次，定点定时投喂，8:00~9:00和16:00~17:00，日投饲量为鱼体重的4%~8%。根据天气、水温、水质及鱼的吃食情况，决定投喂量，每周调整一次投喂量。黄颡鱼专吃池塘底部的残饵、剩饵，不用另投饲料。

2. 分级饲养

饲养1~2个月后，加州鲈鱼的大小会出现明显分化，此时加州鲈鱼极易出现“互残”现象，为了提高养殖成活率，应及时拉网过筛，按大小规格分池饲养。分级过程中，要用高锰酸钾溶液对鱼体进行浸泡消毒。

3. 水质管理

由于加州鲈鱼放养的密度较大，养殖过程中要加强水质管理，防止缺氧，定期更换池水，保持水质清新，控制水体透明度在35厘米以上。池塘配备增氧机，在天气闷热或雷阵雨前后，开启增氧机或加注新水。定期使用生石灰改善水质，加强水质调控，利用微生物制剂调节水质，保持水体的活、爽，防止鱼种缺氧浮头或病害现象发生。

四、病害防治

由于长期投喂冰鲜鱼，池塘水质容易受到残饵腐败变质的影响，一旦水质恶化，病害现象便时有发生，因此必须做好各项病害预防措施。同时由于混养的黄颡鱼是无鳞鱼，对常用药物忍受力不及常规鱼类，因此疾病控制要以防为主，治疗时尽量使用高效、低毒药物。具体的病害防控措施包括以下几点。

1）冰冻鱼块一定要彻底解冻，并用3%的食盐水消毒后再投喂。

2）定期拌喂水产专用复合维生素，添加量为饲料鱼重量的1%~3%。

3）定期对食台和养殖水体进行消毒。

4）发病后可以内服复合维生素，结合外用消毒剂二氧化氯和三氯异氰尿酸，连用3天。

本混养模式的优势是苗种投入成本低，养殖周期短，5~6月放养苗种，当年11月就可销售商品鱼，养殖户资金压力小。混养的黄颡鱼不需要专门投喂饲料，只需充分利用鲈鱼吃剩的残饵，既可防止因残饵腐败变质影响水质，又能额外增加黄颡鱼产量，提高整体销售价格，提升养殖效益。

第五节　黄颡鱼与中华鳖混养模式

在主养甲鱼的池塘干塘起捕时发现池中套养的黄颡鱼生长速度快、成活率高、体质健壮，但体色偏灰黑色，市场价格偏低。经过长期的生产实践，提出了黄颡鱼与中华鳖池塘混养的“18221”模式。“18221”模式是指黄颡鱼与中华鳖池塘混养，实现1亩水面，年均每亩产黄颡鱼800斤（400千克），中华鳖200斤（100千克），产值2万元，养殖纯利1万元的池塘健康高效养殖模式。因黄颡鱼在苗种培育及成鱼养殖阶段可以摄食池塘中大量的浮游生物、底栖动物、水生昆虫、饵料残渣及有机碎屑等，增加了池塘生态系统的食物链组成，减少了能量损失，维护了池塘生态平衡。开展以黄颡鱼为主的池塘鱼鳖混养，一方面克服了温室或池塘高密度养鳖模式所生产的商品鳖外观与品质较差的缺陷，另一方面可提高黄颡鱼养殖成活率、减少黄颡鱼病害发生、提高饲料利用效率。

一、池塘条件与清塘

选择水源充足、水质清新无污染、排灌方便、防逃设施完善的池塘，面积5~10亩，池深2米以上，东西向，南北通风，环境安静。

每个池塘至少配备1台功率为3.0千瓦的增氧机或两台功率为1.5千瓦的增氧机。黄颡鱼苗种放养前，池塘必须经过阳光曝晒、清整，放养前7~10天，每亩用生石灰75~100千克化浆全池泼洒，进行带水（10厘米）清塘，以杀灭敌害生物和病原菌，之后注水1.2~1.5米。鳖种放养前每2亩水面设一个食台（宽1米、长2米）、一个浮水性晒台（宽1米、长4米）。

二、苗种运输与放养

与中华鳖混养的黄颡鱼苗种要求体质健壮，体表无伤无病，规格一致，一次性放足，一般每亩放养6000~8000尾，苗种规格为5~10克/尾。在黄颡鱼苗种下池15~20天后，搭配投放一些与黄颡鱼在生态和食性上没有冲突的滤食性鱼类，充分利用池塘水体空间的同时也可以调节水质，如每亩搭配体长15~20厘米的白鲢80~100尾（冬春季放养）、鳙鱼寸片700~800尾（6月下旬放养）。黄颡鱼苗种转运、放养工作最好在水温18℃以上进行。捕捞、运输、称重时动作要轻，尽量避免鱼体受伤。远距离运输苗种应采用活鱼车，近距离转运应带水运输。苗种放养时用15~20毫克/升聚维酮碘溶液或3%~5%的食盐溶液浸泡消毒，以杀灭鱼体表的细菌和寄生虫，同时预防水霉病的发生。下塘时运输苗种的水体温度与放养池水体的温差不超过3℃。为保证中华鳖当年上市，与黄颡鱼混养的鳖种一般在温室内越冬养殖，在每年的4月底或5月初待水温稳定在20℃以上时，选择晴好天气放养，放养规格为150~200克/只，每亩200~220只，鳖种要求规格整齐，体质健壮，体表无病无伤。

三、人工投饲与驯化

中华鳖食性为肉食性，人工养殖多以粉末状配合饲料为主。为改善商品鳖的品质，建议在温棚养殖后期以及池塘养殖过程中辅以一定数量的白鲢等动物性饵料。投喂时，配合饲料揉搅成团状投在专用食台上，离水面15厘米左右，日投饲量为中华鳖体重的2%~3%，白鲢等动物性饵料搅成鱼糜拌和在饲料中（幼鳖）或剁成条块状直接在食场抛洒投喂（成鳖），日投饲量为中华鳖体重的3%~6%。中华鳖的投喂工作在黄颡鱼摄食结束后进行。由于黄颡鱼的食性为杂食性偏肉食性鱼类，在完全使用人工配合饲料投喂前，必须进行人工驯化，驯化过程一般需7~14天，前期以新鲜鱼肉、动物内脏等动物性饲料为主，配合饲料为辅，让其顺利集群摄食，投喂时用声音刺激，使其形成条件反射，然后逐步提高配合饲料的使用比例，直至完全使用配合饲料投喂。目前池塘主养黄颡鱼多使用膨化颗粒饲料投喂，具有省工省时、对养殖水体污染小、浪费少、饵料系数低等优点，因此黄颡鱼生长速度快，出塘规格大，商品鱼价格高。黄颡鱼人工配合饲料的蛋白质含量要求在36%~40%，饲料粒径大小根据鱼体的大小而定，膨化饲料应投在固定的食场内，黄颡鱼食场应与鳖的食场距离40米左右（南颡北鳖），每天6:00~8:00和17:00~18:00各投喂1次，具体时间因季节而异，有条件者，夜晚还可投喂1次，日投喂量为鱼体重的1%~5%，具体因水温、天气及鱼的摄食情况而定。投喂人工配合饲料时也可添加新鲜鱼糜等。

四、日常管理

坚持早、中、晚3次巡塘，认真观察和记录鱼类和鳖的活动、摄食与生长情况，发现问题及时处理。生产中通过加注新水、施肥、泼洒药物或开增氧机等手段来改善水质，预防疾病和浮头现象发生。最好每隔10天注入新水10~15厘米，在阴雨、暴雨、闷热天的夜晚要适时打开增氧机防止黄颡鱼泛塘。长期投喂配合饲料，池塘水质会随之逐渐恶化，对黄颡鱼的生长不利，可以使用生石灰来调节水体的酸碱度，一般每半个月使用1次，每次用量为15~20千克/亩，通过冲换水或施肥等手段来调节水体透明度，使水体透明度长期保持在25~30厘米。

五、疾病防治

黄颡鱼抗病力强，疾病少，但饲养管理不善也会发生病害，造成损失。苗种放养后，用二氧化氯对鱼池进行药物泼洒消毒，池水药物浓度为0.4毫克/升，同时在饲料中添加抗生素或中草药以预防疾病，以后每20~30天进行1次预防。一旦发生鱼疾病，诊断后应及时进行药物治疗，黄颡鱼对常用水产药物忍受能力不如四大家鱼，所以，对黄颡鱼用药一定要严格控制用量，防止黄颡鱼因中毒而死亡。黄颡鱼对硫酸铜、敌百虫等药物比较敏感，尤其要慎用，计算用药量时一定要准确，全池泼洒药物应在晴天9:00~10:00进行。与黄颡鱼混养的中华鳖一般发生疾病的概率很低，基本不需要专门对水体环境进行消毒，可在放养前期在饲料中添加氨苄青霉素、氟苯尼考等抗生素或中草药以预防疾病，以后每20~30天进行1次内服药物预防。

第六节　黄颡鱼与翘嘴鲌混养模式

一、池塘条件

池塘位置应选择水源充足、水质良好、水陆交通便利的地方。黄颡鱼与翘嘴鲌混养的池塘面积要稍大，一般为20~30亩，池塘深度要求较高，水深应保持2.5~3.0米，注、排水方便，有条件的应在底部设置排水系统。养殖池塘必须配备足够的增氧设备，采用面增氧和底增氧配套的增氧方式，确保池塘溶氧充足。

二、池塘清整与苗种放养

苗种投放前10~15天做好清塘消毒工作，用生石灰75~100千克/亩化浆全池泼洒。每亩放养密度为：翘嘴鲌2500尾、黄颡鱼2000尾、鳙鱼40尾、白鲢20尾。放养时间尽量控制在15天以内，放养时用碘附10毫克/升浸浴5分钟，等将苗种全部放养好之后，再用碘附或水霉净0.15~0.2克/米^{3}全池泼洒2次，预防水霉病发生。

三、饲养管理

饲养管理时饲料采用专用膨化饲料，定点定时用投饲机投喂，饲料使用翘嘴鲌2~6号膨化颗粒饲料。饲料投喂在围栏内，围栏用黑色塑料板和竹竿围成，每个池塘设置围栏2个，面积控制在150~200米^2。随着鱼的生长，所用饲料标号逐渐增大。苗种放养后于次年2月中旬起开始驯食，随着水温逐渐升高，日投喂量慢慢从鱼体重的1%逐渐增加至高温期间鱼体重的5%。一般每次投喂量以下次投喂前栏内没有剩余饲料为准，同时在投喂饲料时观察鱼群摄食情况，根据气候、水温、水质及鱼群活动情况综合分析，调整投喂量。一般情况下，5~

10月饲料投喂时间为每天早中晚各1次，分别为7:00~8:00、12:00~13:00和18:00~19:00，其他月份改为每天早晚各1次。投喂饲料要坚持“四定”（定质、定量、定时、定点）和“四看”（看天气、看季节、看水质、看鱼情）原则。

四、日常管理

坚持早中晚巡塘，观察鱼群活动、摄食、水质等变化情况，注意天气变化，并定期检查鱼体生长情况，做好生产记录，建立鱼池养殖管理档案。由于翘嘴鲌在体长20厘米以前可以摄食水中浮游生物，所以在3~5月期间还应对鱼池进行适量施肥，以利于其生长，后期根据水质情况适量使用肥料，保持水质肥而不坏。在养殖过程中，要加强对养殖水体的调控，保持“肥、活、嫩、爽”的水质。特别是在高温期间一定要注意水质变化，坚持每天观测池水的肥瘦，检查池塘藻类组成。池塘需经常换水，保持池水透明度在25~30厘米。3~4月隔10~15天换水1次，换水量为15~20厘米；5~8月隔7~10天换水1次，换水量为20~30厘米；9~10月池塘存水量处在高位期，也是水质管理最困难的时期，除了提高冲水频率之外，还需调动其他机械设备和微生物机制调节水质。在5月以后，为保持水质稳定和养殖塘达到高产的目的，要同时防止发生池塘氨、氮、亚硝酸盐超标的现象，每半个月使用光合细菌、芽孢杆菌或EM菌等微生物制剂进行水质调节1次，以实现水质肥而不浊、清而有色，保证鱼类在良好的水环境中生长。同时也要根据实际情况使用杀虫剂和消毒剂，确保养殖池塘不发生病害。

由于夏季高温期间鱼群摄食较多，生长迅速，很容易引起缺氧，所以高温期间还要密切注意天气变化，坚持每天开增氧机，特别是凌晨和中午。

五、注意事项

1）池塘水深要达到2.5米以上，面积20~30亩为宜。水面大，微风起浪，池塘溶氧较高；水位深，是实施多品种分层次立体养殖的基础。

2）放养苗种的规格要小，这样既可大大节约苗种放养成本，又不影响其生长速度和产量。尤其主养品种的规格宜小不宜大，翘嘴鲌、黄颡鱼放养规格分别为100尾/千克、400尾/千克左右。每亩投入苗种费控制在1000元左右。

3）保持水质良好，可经常使用芽孢杆菌降氨氮。亚硝酸盐过高时，底层排水、抽水20~50厘米，然后冲水维持水位，并及时使用化学制剂降解。

4）该模式每亩产量一般能达到1500千克，最高可超过1750千克。

第七节　黄颡鱼套养模式及注意事项

由于我国池塘养鱼的模式有多种，因而根据以不同养殖鱼为主体的养殖模式进行不同数量的黄颡鱼搭配，是提高养殖效益的重要保证。

一、黄颡鱼套养模式

1. 以滤食性鱼类为主的模式套养黄颡鱼

滤食性的养殖鱼类主要有鲢鱼、鳙鱼等，它们作为主养鱼生活在水体的上层或中上层。以滤食性鱼类为主的模式中，配养鱼类有草鱼、鳊鱼、鲂鱼、鲤鱼、鲫鱼和罗非鱼等。从食性看，鲢鱼、鳙鱼以过滤浮游生物为食物，草鱼、鳊鱼、鲂鱼以草类为主要食物，鲤鱼、鲫鱼和罗非鱼则是杂食性的鱼类。由食性可知，这种模式中，主养鱼类鲢鱼、鳙鱼及主要配套鱼类草鱼、鳊鱼、鲂鱼与黄颡鱼生活的水层和食性上没有矛盾，黄颡鱼仅与作为次要配套鱼的鲤鱼、鲫鱼和罗非鱼存在着一定的食性矛盾。因而，放养时应减少鲤鱼、鲫鱼和罗非鱼等杂食性鱼类的放养。

一般来说，套养黄颡鱼不需要单独为其投喂饲料，其放养量根据池中小杂鱼、小虾、小螺以及其他饵料生物数量决定；同时，也要考虑到鲤鱼、鲫鱼和罗非鱼等食性相近鱼类的数量。通常在有一部分鲤鱼、鲫鱼时，每亩放养2~3厘米黄颡鱼夏花苗种200~400尾，放养5~6厘米的苗种150~200尾；在没有鲤鱼、鲫鱼等杂食性鱼类时，黄颡鱼夏花苗种放养量可加大0.5~1倍。在投放黄颡鱼冬片苗种时，每亩放养50~150尾。

2. 以草食性鱼类为主的模式套养黄颡鱼

草鱼、鳊鱼、鲂鱼的食物为水草及部分陆生草类，还摄食人工配合饲料，通常称其为草食性鱼类。一般来说，以草食为主的养殖模式中，配套放养的鱼类有上层水体生活的滤食性鱼类（鲢鱼、鳙鱼），有生活在底层的杂食性鱼类（鲤鱼、鲫鱼）等，还有少量搭养的肉食性鱼类（鳜鱼、乌鳢鱼和青鱼）。以草食性鱼类为主的放养模式的特点是池中鱼类以草食性为主，池中的剩饵和残饲较多，同时草食鱼的粪便中也有大量未消化的营养成分，这些能为黄颡鱼提供丰富的饵料。以草食性鱼类为主的模式中，套养黄颡鱼的数量可以比以滤食性鱼类为主的模式多一些。在有少量杂食性鱼类时，一般每亩放养2~3厘米的黄颡鱼夏花苗种350~450尾，冬片苗种100尾左右。严格地说，套养黄颡鱼时，应不考虑放养鲤鱼、鲫鱼和罗非鱼，或者少放一点，这样的话，黄颡鱼苗种的放养可适当增加。

3. 以肉食性鱼类为主的模式套养黄颡鱼

青鱼、乌鳢鱼、鳜鱼、鲈鱼等是以个体较大的水生动物（如鱼类、虾类、螺类等）为主要食物的鱼类，被称为肉食性鱼类。这种养殖模式目前开展得不是很广泛，地域也较受局限。其配养鱼类有鲢鱼、鳙鱼、草鱼、鳊鱼、鲂鱼等。考虑到乌鳢鱼、鳜鱼等生活在水体中层或中下层，且食性上与黄颡鱼没有矛盾，故可套养黄颡鱼以利用水中的剩饵残饲及主养鱼类不能利用的小鱼和小虾等。但考虑到主养鱼有误食黄颡鱼的可能，故黄颡鱼放养应以冬片苗种为主，这样能够依靠其坚硬的3根刺（2根胸刺、1根背刺）保护自己。放养密度为每亩投放冬片苗种150尾左右。

4. 以杂食性鱼类为主的模式套养黄颡鱼

鲤鱼、鲫鱼和罗非鱼等摄食范围广、食性杂，被称为杂食性鱼类。这些鱼在食性上与黄颡鱼相近，具有一定的矛盾，因此，只有当池塘各类饲料充足时才能放养黄颡鱼的夏花苗种。当然，从理论上看，套养黄颡鱼冬片苗种不会有多大的问题，因此时的苗种个体大，有坚硬的3根刺保护自己。一般来说，套养2~3厘米的黄颡鱼夏花苗种每亩为 300 尾左右，投放冬片黄颡鱼数量为每亩 50~80 尾。

5. 以育珠蚌为主的模式套养黄颡鱼

淡水育珠蚌的食性是过滤性的，在套养鱼类时，水体上层生活的鲢鱼、鳙鱼与其食性相近，要少放养。草食性鱼类可作为此种模式的主要套养鱼类，其食性与育珠蚌不相冲突。黄颡鱼在此种模式中可以获得较好效益。一般来说，这种模式放养黄颡鱼时可考虑少放或不放其他杂食性鱼类。黄颡鱼的放养密度与“以滤食性鱼为主的模式套养黄颡鱼”相同。

6. 以河蟹为主的模式套养黄颡鱼

河蟹是以动物为主要食物的杂食性，生活水层为底层，这些与黄颡鱼相矛盾，但实践初步证明，河蟹池塘套养黄颡鱼能获得较好效益。主要是因为河蟹在池中以螺蚬等为主要食物，也能很好地利用人工配合饲料，加之河蟹胆子较小，易受惊吓，在黄颡鱼的胸刺和背刺的威胁下，河蟹一般不会摄食黄颡鱼，这在多年的河蟹胃食物解剖中已充分证明。

二、注意事项

1）保持水体有较高的溶氧。黄颡鱼对池塘水溶氧要求较高，故套养时要求水质清新、溶氧充足，生长季节要适时加注新水，高温季节要勤换水，如能保持微流水则更佳。

2）保持合理的放养密度和放养规格。根据水体饵料的生物量，科学合理确定混养比例和放养规格，一般水体以每亩套养 100 尾左右为宜，规格为体长 8 厘米左右。若密度过大，规格过小，则年底达不到上市规格。

3）鱼池套养黄颡鱼后不宜套养其他肉食性鱼类。

4）淡水沼虾、淡水小龙虾的养殖池中不宜套养黄颡鱼。

5）合理补充套养黄颡鱼所需的饵料。养殖过程中，如发现黄颡鱼规格过小，说明鱼池中天然饵料生物量不足，可适当补放小杂鱼、虾、家鱼夏花或投喂人工配制的专用黄颡鱼饵料。投喂人工饵料时，应先喂主养品种（投入浅水区），后喂黄颡鱼（投入深水区）。黄颡鱼有昼伏夜出的生活习性，投饵应以夜间为主。

6）蟹池中套养黄颡鱼，应特别注意饵料的合理分配。因河蟹、黄颡鱼在生态上处于相同的水层位置，容易引起两者生态位置竞争。因此，蟹池中必须保持充足的天然饵料生物，否则影响黄颡鱼饲养效果。可事先在蟹池中投放螺蛳 300～400 千克/亩及部分怀卵的鲫鱼、抱卵的青虾，让其自然繁殖，供河蟹、黄颡鱼自由摄食。

第七章
掌握黄颡鱼疾病防治技术 向健康要效益

第一节　黄颡鱼鱼病久治不愈的原因

很多养殖户在防治鱼病过程中经常碰到看似简单的病症。但在实际治疗过程中却发现采用了各种办法，浪费了大量的时间精力，却总得不到应有的治疗效果，有的甚至越治越重，花了很多钱用了很多药，眼睁睁地看着自己辛勤饲养的鱼一天天死去，造成了很大的损失。造成鱼病久治不愈的原因到底有哪些呢？我们做了简单的总结，供养殖户参考。

一、人为因素

人为因素主要有以下几种：鱼池不彻底清塘消毒，不彻底清除淤泥；盲目提高放养密度；过分强化投饲以期达到高产出；乱投药、乱施肥、长期不换水。这样做主要是由于养殖户尚未完全从传统养殖技术转化为集约化养殖的要求上来，违背了鱼池卫生管理的基本要求，致使池中积聚大量有机物（如排泄物、残饵、浮游生物尸体等）。此外乱用药物又导致水体、鱼体受伤。每当鱼出现异常时，就大量泼硫酸铜、敌百虫、富氯等，并随意加大用药量，致使鱼死亡。虽然有时也能控制住鱼病的发生与流行，但同时也杀灭了水中有益微生物，增加了池水的污染。也有的病急乱投医，一见死鱼就着急，用药不见效就急着换医换药，频繁用药，重复用药，使养鱼池变成了实验场。这样即便治好了鱼病也不知道是如何治好的，治坏了更不知何故。特别是有一些渔药厂将几种农药混配，如溴（或氯）氰菊酯与有机磷农药混配药物在东北地区泛滥成灾，致使出现养殖鱼类患肝病而陆续死亡或在越冬过程中全军覆没的情况。此外，池水补充氧气措施跟不上，最终会使水环境不适合鱼类生长，降低了鱼体的抵抗力和免疫力，使鱼易患病。

二、鱼病的误判

同一种病症，引起的病因不同，常常导致误判。如常见的烂鳃病，引起烂鳃病的原因有很多种，有寄生虫引起的烂鳃（如指环虫、车轮虫、杯体虫等），细菌性烂鳃，及其他疾病继发感染引起的烂鳃症状（如肠炎病、营养不良引起的烂鳃）。如果不能对病因做出准确的判断，仅凭病鱼鳃部表现出的腐烂症状就简单诊定为细菌性烂鳃，很难达到满意的治疗效果。这种情况在实践中出现的频率最高，也是不能治愈鱼病最重要的一个原因。

三、乱用渔药

许多养殖户相信“万能药方”，在鱼病治疗过程中，不管是什么种类的病，都采用相同或类似的用药过程，采用所谓的外泼内服：外用杀虫剂（如硫酸铜），然后杀菌剂（如三氯制剂、二氧化氯制剂），内服抗生素或提高鱼体免疫力的药物；或用三合一、四合一（高锰酸钾+生石灰或漂白粉+硫酸铜+硫酸亚铁）的药方。许多养殖户认为抗生素、氯制消毒剂就是“万能药方”，如果使用效果不明显就加大药物用量，有时甚至高出几倍、十几倍或更高。殊不知，这个“万能药方”也有一定的抗菌、消毒范围，对不敏感的微生物过量使用抗生素，不但起不到作用，相反会增加微生物的耐药性，使鱼病越来越难治疗。此外，很多杀虫剂对鱼的摄食和水质都有或多或少的影响，如果鱼体没患寄生虫病而采用杀虫药，将会对后续的治疗特别是内服药的投喂产生一定的影响，而且许多寄生虫耐药性很强，要用专门的杀虫剂。

四、药物选择不当

当前市场上渔用药物种类繁多，仅治疗细菌性烂鳃病的渔药就有氯制剂、二氯制剂、三氯制剂、二氧化氯、季铵盐类等，各个厂家生产的药物品种更是五花八门，多不胜数。厂家往往给新药冠上一些神乎其神的名字，标签上介绍应用范围特别广，效果特别好，几乎包治百病。基于商业保密或者其他原因，对药物的主要有效成分介绍很少，药物使用说明上也仅粗略地介绍每亩用量多少等，更不会针对某个具体养殖品种的具体疾病详细说明用量。实际上很多新特药没有经过实践中的大面积应用检验，效果并不稳定，有些所谓的新特药仅仅是换了个名字，药物成分没有什么大的变化，这就给养殖户、基层技术人员选用药物带来很大的困难。由于目前渔药竞争激烈，许多药厂为了降低成本，降低有效成分含量，导致养殖户用药时达不到治疗剂量而耽误最佳治疗时期，造成更大损失。建议最好选择自己熟悉、药物成分明确的老厂家、大厂家生产的药物，对于比较新颖的养殖品种用药或者自己不了解的新特药，要多向有关技术人员询问，必要的情况下可选择小面积进行实验性治疗。

五、药物用量不足

药物用量不足也是导致鱼病久治不愈的一个主要原因，包括用药方法不当、产品含量不足、用药疗程不足、计算不准确等。凡药物都有一定的作用浓度，药物说明书上的用量往往是在一般理化条件下的推荐用量，不能死板套用。用药时要根据养殖鱼类、养殖条件（如有机质、水温等）和养殖方式等进行调整，个别情况下调整的范围还会比较大。如果长时间采用低的治疗浓度，仅能对致病菌起到抑制作用，达不到杀灭的效果，变相让细菌、寄生虫等病原对药物有了一定程度的适应，产生了耐药性，疾病很难根治。用药疗程不够，同样也会使致病菌得不到彻底的杀灭，反复感染鱼体，最终产生耐药性。在养殖行情处于低谷时期，有些养殖户在鱼得病后不按时给药或使用一些便宜、劣质的渔药，有时在病情稍有稳定后就停止用药，这些都是不可取的。俗话说“病来如山倒，病去如抽丝”，很多疾病从用药治疗到治愈都有一个过程，鱼病的治疗也不例外，一般都需要一个疗程或更长一段时间的连续用药。因此，用药后发现死鱼数量减少或停止增加，还应该继续用药一段时间以确保疗效，否则，病原菌就有可能在含有较低药物浓度的机体内顽强生长、繁殖，逐步产生耐药性，甚至发生变异，给以后治疗工作带来困难。用药后发现死鱼数量没有减少反而增多的情况非常常见。大部分药物在杀灭病原的同时，对鱼体都有或多或少的刺激性作用，用药后会加速一些症状严重、濒于死亡的病鱼的死亡。遇到这种情况，要细心观察分析，在确定对症的前提下，继续用药一段时间就会使病情得到控制。很多养殖户看到这种情况即认为药物没有治疗效果，马上又换另一种药物，甚至使用已经禁用的药物，其结果是鱼病没治好，成本又增加了不少。

六、抗药性的影响

随着近年来鱼病问题越来越严重，很多养殖户都非常重视鱼病的防治，意识到“防重于治”的原则，但大多数养殖户的做法是发现鱼不爱摄食就开始用药，不是用杀虫药就是杀菌药，并且预防用药的剂量往往超出正常一倍，甚至超出 2~3 倍，导致鱼类的抗药性和药物残留问题越来越严重。长期使用一种药物防治鱼病开始效果会很好，但是时间长了药效往往会减弱，这是因为病原体对药物产生了抵抗力，即耐药性。因此，要不定期更换药物的品种进行交替使用。还有一种隐性的抗药性问题往往更不容易发现，就是在苗种阶段超量使用抗生素等药物，在成鱼阶段仍然选用该药物或其他类似成分的药物来预防或治疗鱼病，这种情况往往发生在一龄苗种阶段死亡率较高的养殖鱼类中，特别是在异地购买苗种的情况下很难发现。购买苗种时要了解该池苗种的发病史、用药史等，为以后制定防治方案提供佐证材料。建议治疗疾病时的药物和预防时的药物采用不同的药物成分，避免抗药性的出现。在常见鱼病的防治过程中，一定要做到谨慎小心，一个小的疏漏，可能造成截然不同的治疗结果。同一鱼池，往往同时发生几种鱼病，此时应根据发病的具体情况，首先对其中比较严重的疾病使用药物，使此病得到基本控制后，再针对其余的鱼病用药。

第二节　认清黄颡鱼的主要病害

黄颡鱼在全国许多地方已开展人工养殖。但随着养殖产量大幅度提高，集约化生产能力加大，其病害发生也日趋严重，尤其在苗

种培育阶段和成鱼的后期养殖中，各种病原菌的侵袭严重影响了黄颡鱼的产量和效益。现对黄颡鱼养殖过程中出现的几种常见疾病介绍如下。

一、水霉病

水霉病又称白毛病，是鱼类常见的真菌性疾病之一，从卵到各龄鱼都可感染。水霉病病原菌5～26℃均可生长繁殖，繁殖最适水温为13～18℃，因此水霉病多发于晚秋和早春时节，也是这些时候最需要警惕的疾病之一。

【病因】　水霉病主要是由鱼体体表受到损伤所引起的，常见有以下几种情况。

1）养殖动物在捕捞和运输过程中受到机械损伤。由于捕捞和运输过程中操作不当，导致鱼体受到挤压而形成的外伤，创伤面易感染真菌。

2）寄生虫叮咬后形成的外伤。这种情况是因为在晚秋气温下降后，未用最后一次杀虫药，致使体表原先残存下来的寄生虫（例如锚头鳋、中华鳋等）得以存活，导致寄生部位有伤口。

3）水质差或鱼本身体质差。这种情况会使鱼体表黏液大量脱落，失去体表的保护，从而感染真菌。这类情况一般不易被诊断，病鱼体表不会形成“毛”状物，主要表现在体表发亮、发青、发黑、粗糙，大量的鱼浮在水面，头朝上，类似缺氧浮头。

4）高密度养殖。尤其是冬天的高密度养殖，引起鱼之间的相互伤害，高密度产生的虫害、应激等问题，使得水霉病发生。当然，这个其实还是和体表受伤有关。

【症状】　水霉菌刚寄生时，肉眼看不出病鱼有什么异状，当肉眼能看到时，菌丝已侵入鱼体伤口且向内外生长与蔓延，形成棉絮状的菌丝，并粘有污泥、藻类等，俗称鱼类体表“发毛”（彩图6）。病鱼行动呆滞，焦躁不安，无食欲，直到肌肉腐烂，瘦弱而死。鱼卵上也会布满菌丝，变成白色绒球状，霉变成为死的鱼卵。此病严重危害孵化中的鱼卵和鱼体体表带有伤口的苗种和成鱼，在水温低时最易发生，多因在拉网、分箱、运输过程中操作不当引起。

【预防措施】

1）提高水温。提高水温的办法有搭盖保温棚、适当提高水位、烧锅炉加温等。只要水温足够高，就不会有水霉病。因此在实践中，应根据鱼的品种、池塘条件，采取必要的措施，从水温上预防水霉病。

2）提高水体盐度。根据鱼的品种，在冬季低温来临前，适当提高水体的盐度，这是在实践中行之有效的预防办法。

3）防止机械损伤。拉网抓鱼、换池等操作时，尽量减少鱼体损伤。进行这些操作后，水体要及时消毒，帮助鱼体伤口尽快愈合。

4）有虫早杀。秋天是寄生虫的高发季节，指环虫、小瓜虫、车轮虫、锚头鳋、纤毛虫等寄生虫在秋天都极度活跃。

如果在入冬后，寄生虫还是没有处理好。那么寄生虫产生的伤口，就会感染细菌和霉菌（伤口先发红，再发白，然后是长毛），进而传染扩散造成整池发病。反过来说，寄生虫引起的真菌、细菌性疾病，在虫没被杀掉之前，用什么消毒剂都是白搭。在鱼病的处理上，要遵循“先杀虫→杀真菌→杀细菌→解毒”的原则。在这个原则的基础上根据鱼的体质、水质、底质、天气等情况，灵活用药处理。

5）提高鱼体免疫力。加强饲养管理，保证鱼类体质健壮。在鱼病多发季节，可在饲料中添加维生素 C、黄芪多糖、甘草多糖等，可有效增强鱼体抵抗力，预防疾病的发生。

【治疗措施】

（1）药物 治疗水霉病的药物有硫醚沙星、戊二醛（也可以使用戊二醛合剂，如戊二醛季铵盐合剂或烷化醛）、水杨酸（配合碘制剂更佳）、五倍子（配合碘制剂更佳）、厂家成品药（如水霉净）等。

（2）使用方法 众所周知，真菌性疾病是比较顽固的，不可能一次治愈，要多次用药，每次用药要间隔 24 小时，连续用药 2~3 次后，要停药 1 天，并使用有机酸或者维生素 C 解毒，以恢复体质，然后再继续用药。如果鱼体有寄生虫，一定要先杀虫，否则，水霉病怎么治都会复发。

二、气泡病

气泡病是由于水中某种气体过饱和，鱼的肠道出现气泡，或体表、鳃上附着许多小气泡，使鱼体上浮或游动失去平衡，严重时可引起大量死亡。此病多发生在春末和夏初，鱼苗和苗种都能发生此病，特别对鱼苗的危害性较大，能引起鱼苗大批死亡。

【病因】 一是池塘中施放过多未经发酵的有机肥料，生肥在池塘底部分解放出很细小的甲烷和硫化氢的小气泡，鱼苗误当食物吞入。气泡在肠内积累较多时，加之硫化氢等对鱼苗有毒，使鱼体上浮，失去下沉的控制力。二是水体中某些气体的含量达到过饱和而引起，如水中含氧量达 14.4 毫克/升，即饱和度为 192%时，体长 1 厘米的鱼苗便可发生气泡病。水中的氮饱和度超过 153%时，也会产生气泡病。

【症状】 病鱼体表隆起大小不一的气泡，常见于头部皮肤（尤其是鳃盖）、眼球四周及角膜。若气泡蓄积在眼球内或眼球后方，会引起眼球肿胀，严重时可将眼球向外推挤而突出，所以本病也为突眼症的原因之一。若气泡栓塞鳃丝血管则会引起病鱼呼吸困难而浮游水面。这时，可取病鱼的鳃丝进行鳃压片镜检，在鳃丝血管中很容易看到气体栓子。

【防治措施】 若用地下水养鱼必须先曝气处理，鱼池局部用遮蔽物遮阳，池中经常用新水改良水质。若发现气泡病应立即加注新水，或每立方米水用 5 克食盐泼洒水面。也可用生石膏 1 千克/亩，先将其捣成粉状，加入新鲜豆浆，充分混合后全池泼洒。

三、车轮虫病

此病一年四季都可发生，以 5~8 月为流行。淡水养殖的鱼类均能感染致病，一般在面积小、水浅、放养密度较大的鱼池里最易发生，有时在家鱼孵化环境中也易发生，常因车轮虫大量寄生引起鱼苗、鱼种的大批死亡，是鱼苗、苗种培育阶段危害最大的疾病之一。

【病原】 车轮虫病病原为车轮虫属和小车轮虫属的多种车轮虫（彩图 7）。

【症状】 车轮虫病是鱼类很普通的原虫病，主要寄生于体表和鳃。侵袭在体表的车轮虫，一般虫体较大，分布在鱼的全身，特别喜欢聚集在鱼的头部、腹部和鳍条上；侵袭在鳃上的车轮虫，个体较小，常聚集在鳃丝的边缘或缝隙间。车轮虫以剥取鱼的组织细胞作为营养，使鱼苗、苗种的皮肤和鳃组织遭到破坏，口腔充塞黏液，嘴闭合困难，不摄食，特别是刚下塘 10 天左右的鱼苗患此病后成群在塘边狂游，呈“跑马”现象，最终使鱼体消瘦，呼吸困难，引起大批死亡。

【诊断】 肉眼观察鱼苗，车轮虫大量寄生的头部、鳍条及体表，可出现一层白翳，在水中观察尤为明显。镜检体表黏液或鳃丝可见密集的虫体。

【防治措施】

1）鱼苗下塘前，用生石灰彻底清塘消毒，合理施肥，放养密度要适宜。苗种每立方米水体可用 8 克硫酸铜浸洗 20~30 分钟，或用 2%食盐水浸洗 3~5 分钟，可预防车轮虫病。

2）治疗时每立方米水体用 0.7 克硫酸铜与硫酸亚铁合剂（5∶2）全池泼洒。为预防细菌感染可隔一天后每立方米水体用 20 克生石灰或 0.3 克二氧化氯消毒剂全池泼洒，同时投喂药饵，连喂 3 天。

四、小瓜虫病

小瓜虫病，又称白点病，病原为小瓜虫。小瓜虫（彩图 8）属于原生动物门、纤毛虫纲、凹口科、小瓜虫属，主要寄生在鱼类的皮肤、鳍、鳃、头、口腔及眼等位置，形成的胞囊呈白色小点状、肉眼可见、严重时鱼体浑身可见小白点，所以也叫“白点病”。小瓜虫病是鱼类春秋季节的常见病、多发病，对黄颡鱼、泥鳅等鳞片不发达的鱼类感染尤为严重。特别是在苗种下塘初期或因饲养管理不当致使鱼体质较差时感染率极高，若治疗不及时死亡率可高达 90%以上，常令养殖户损失惨重。

【病因】 小瓜虫病在水温 15~25℃时易发，个别情况 30℃以上也有发生。水温上下波动会影响小瓜虫的繁殖，小瓜虫不耐低温，10℃以下自动死亡。营养不良、养殖过密、热应激或其他环境条件引起的过度应激反应也容易引起小瓜虫病。

小瓜虫的繁殖经历 3 个阶段（彩图 9）：滋养体阶段、包囊阶段和掠食体阶段。在滋养体阶段，小瓜虫寄生在鱼皮下缓慢生长，这一阶段由于鱼皮的阻挡，药物很难渗透进去；在包囊阶段，小瓜虫寄生成熟后脱离鱼体，自由游动3~6小时后落到水体底部，分泌一层胶质的包囊，然后孵化出500~1000只幼虫，这一阶段的小瓜虫对药物敏感的时机相当短暂；在掠食体阶段，从包囊中孵化出来的小瓜虫幼虫有1~2天的时间寻找宿主鱼寄生，如果没有及时找到宿主，小瓜虫幼虫会自行死亡，这一阶段是小瓜虫的药物敏感期。最适合施药的掠食体阶段持续时间固定为1~2天，但是小瓜虫的整个繁殖周期却因气温不同从4~30天不等。在气温30℃以上时，虫体不能发育，所以炎热的夏天通常不会发生白点病；在24℃时，繁殖周期为4天；15℃时，繁殖周期为10天；而10℃以下时，繁殖周期往往在30天以上，这是由于低温时成虫停留在鱼体内的滋养体阶段时间较长，而这一阶段恰是施药无效的时期。

【症状】 在病鱼体表肉眼可见小白点（彩图10），严重时体表似覆盖了一层白色薄膜。镜检鳃丝和皮肤黏液，可见大量小瓜虫。鱼体明显消瘦，大量小瓜虫缓缓运动。多子小瓜虫的繁殖适温为15~25℃，流行于春秋季。患此病后，体表各组织充血，不能觅食，继发细菌感染，可造成大批鱼死亡，当过度密养、饵料不足、鱼体瘦弱时，鱼体易被小瓜虫感染。

【预防措施】

1）彻底清塘。彻底清塘可彻底清除携带病原体的生物及病原，减少池底有机杂质和重金属离子。

2）改善水质，预防用药。水质清瘦时可使用有机肥及有益菌改善水质情况，预防发病。水温接近25℃时，开始内服药物预防，每100千克料内加入虫虫草（主要成分青蒿、辣椒）和纤灭（主要成分干姜）各200克，再加黏合剂10克，每15天用1次，连用3~5天。18:00后用药，因小瓜虫都是晚上繁殖，危害阶段是纤毛幼体，包囊无药可进，只有晚上破包囊繁殖的幼虫才能被杀掉。

3）减少鱼体受伤。在拉网捕捞过程中，准备工作要做充分，动作轻快，拉网、挑选、运送各环节紧凑连贯；当水温低于15℃时，尽量减少人为操作，防止出现应激反应；运输时注意运输的时间长短和密度大小；经长途运输的苗种放养前和放养后，及时用3%~5%食

盐水或消毒剂进行消毒。

4）提高鱼类免疫抗病力。应在小瓜虫病流行季节加强鱼类营养，提高养殖鱼类免疫抗病力。

5）适当控制养殖鱼类的放养密度。

【治疗措施】 过去曾用硝酸亚汞或醋酸亚汞作为小瓜虫病的特效药，但这些含汞制剂已经被国家列为禁用渔药，所以治疗小瓜虫病现在没有特效药，但人们有很多其他的方法。

1）辣椒和生姜。将辣椒面和生姜加水煮沸 30 分钟，连汁带渣全池泼洒，每天泼洒 1 次，连用 3~4 次。水深 1 米的情况下，每亩用量为辣椒面与生姜各半斤。

2）硫酸铜或食盐。硫酸铜或食盐能刺激小瓜虫脱落，但并不能杀死虫体，所以针对架在河道和大水库上的网箱，可以先将网箱四周和底部用塑料布围起来，防止网箱内外水体交换，影响药物浓度。然后泼洒硫酸铜或食盐。硫酸铜用量为：气温稍高时 0.5~0.6 毫克/升，低温时 0.6~0.7 毫克/升；食盐用量为 10~20 克/升。虫体脱落后，把脱落后的小瓜虫体用潜水泵抽出网箱外，或是移动网箱，这些脱落的小瓜虫体只要没有再寄生回鱼体，小瓜虫病就治好了。

3）青蒿末。青蒿末拌饵对控制小瓜虫病有较好的效果，一次量为每千克水体用 0.3~0.4 克，每天 1 次，连用 5~7 天。

治疗时采用饥饿疗法，在原来当天料的基础上减料 2/3，例如 1 天喂 3 次，原来喂 20 千克，治疗时就只喂 10 千克料。把早上、中午两餐去掉只喂晚上那一餐，让鱼来抢着吃。开始喂的时候少一点，等鱼都来料台吃料后再加大投药饵量，尽力让每条病鱼都吃上药饵，从而起到治疗的效果。

五、腹水病

鱼类腹水病以鱼类腹腔内出现大量积水为特征。目前主要见于黄颡鱼、斑点叉尾鮰等养殖品种。腹水病形成的机制较为复杂，在治疗的过程中也需要根据不同的病因采取针对性的治疗措施。

【病因】 在养殖生产过程中，诱发疾病的原因主要有三类。

1）病原微生物因素。正常情况下，鱼类腹腔内存在着一定量的

液体，起到润滑、减少摩擦的作用。正常情况下，腹腔内液体的产生和吸收处于一个动态平衡的状态。病原微生物（细菌、病毒）的感染，会造成局部或者机体大面积的组织受损，机体毛细血管的通透性增加，腹腔内液体产生和吸收的动态平衡被打破，血液中的血浆胶体透过毛细血管壁，进入腹腔，形成腹水。常见的引发腹水病的细菌有气单胞菌、爱德华氏菌等。

2）天气剧烈变化引发黄颡鱼苗种的强应激反应，引起出血性水肿。这种情况的出现多见于黄颡鱼苗种期，水温、气温的剧烈变化，或者强对流天气之后，苗种期的鱼苗对环境的适应能力差，机体的代谢功能及内脏器官功能出现紊乱而引发腹水病。解剖后，腹腔的腹水清亮透明。

3）饵料当中的有毒有害物质对机体的影响。主要是因为饵料中的营养不全面或者有毒有害物质的存在，如维生素 E 的缺乏，氧化油脂的存在。一方面造成组织器官的受损，毛细血管的通透性增加，血浆胶体的渗出，引发腹水；另一方面是造成肝脏受损，维生素 E 在水生动物的机体内能够起到很好的抗氧化作用，减少动物机体内因各种因素产生的氧化自由基对组织器官的损伤；油脂氧化后，产生一些小分子的醛和酮，直接对肝脏造成损伤，使毛细血管内的液体静压力增大，血浆蛋白从毛细血管中渗出而发生腹水病。

【症状】　以腹水为典型症状的病鱼常见的症状有离群、水面独游或者打转、厌食、腹部膨大（彩图 11）。细菌性感染引起的腹水可见鱼体鳃盖、鳍条基部等处充血，解剖有时可见肝脏、胆囊及脾脏等内脏器官的病变或者坏死等症状，腹腔内有大量淡红色或者淡黄色、清亮透明的液体。

【防治措施】　在区分病因的基础上，采取针对性的防控方案。

1）细菌性败血症导致的腹水。在有条件的时候，最好取腹水进行病原分离和药敏，采取针对性地治疗。不具备条件时，也可以采取相对广谱的抗生素进行治疗，处理建议如下：

① 减料投喂，拌药饵时的投喂量减为正常投喂量的一半，氟苯尼考（10%的含量 100 克）+三黄散（100 克）+地锦草末（100 克）+维生素 K3（100 克）+10 千克料，连续使用 5~7 天。或者使用恩诺沙

星、强力霉素等其他广谱抗生素配合中草药、维生素治疗。如果养殖水体不良，氨氮、亚硝酸盐严重超标，需要先进行调水、改底、降亚硝酸盐处理后，才能进行消毒。

② 在治疗出血病的时候建议使用苯扎溴铵（100 毫升含量为 45%的国标产品）搭配 20%含量的浓戊二醛（250 毫升），该剂量可使用 3 亩水体。

2）养殖苗种的养殖环境剧烈变化导致的出血性水肿。建议上午使用蛋氨酸碘（500 克/2~4 亩）+泼洒姜（200 克/亩），进行消毒及抗应激处理，下午（离上午用药 6 小时后）使用生化防腐酸（500 克）+维生素 C（每亩用 1 包），进行抗应激及增强体质的处理，连续使用 2 天。内服优质的益生菌和发酵料拌料内服，调理肠道，连续使用 3~5 天。

3）营养性原因导致的腹水。必要时需要采取停料或者更换饲料的措施，内服板黄散（每包拌料 10 千克）+肤美（成分为甘草、鱼腥草等，每包拌料 10 千克）+水产复合多维（500 克）拌料投喂，连续使用 5~7 天，清热解毒，修复鱼类受损的组织器官，补充饲料当中维生素的不足。

六、钩介幼虫病

【病原及症状】 导致黄颡鱼患钩介幼虫病的病原为三角帆蚌和无齿蚌等蚌类的钩介幼虫（彩图 12），寄生于鱼鳃、鳍条、口腔、鼻孔及皮肤上。病鱼鱼体受到刺激，引起周围组织发炎、增生，逐渐将幼虫包在里面，形成包囊。寄生于嘴角、口唇或口腔里，能使鱼或夏花丧失摄食能力而饿死；寄生在鳃上，鱼会窒息而死，并往往可使病鱼头部充血，出现“红头白嘴”症状。对饲养 5~6 天的鱼苗或体长在 3 厘米以上的夏花影响较大。该病流行于春末夏初，每年在鱼苗和夏花饲养期间，正是钩介幼虫离开母蚌，悬浮于水中的时候，故在此时常出现此病。

【防治措施】

1）用生石灰彻底清塘或每亩用 40~50 千克茶饼杀灭蚌类。

2）鱼苗及夏花培育池内决不能混养蚌，进水必须经过过滤，以

免将钩介幼虫随水带入鱼池。

3）发病早期，将病鱼移到没有蚌及钩介幼虫的池中，可使病情逐渐好转。

七、红头病

【病原】 导致黄颡鱼患红头病的病原为迟钝爱德华氏菌，如图 7-1 所示。

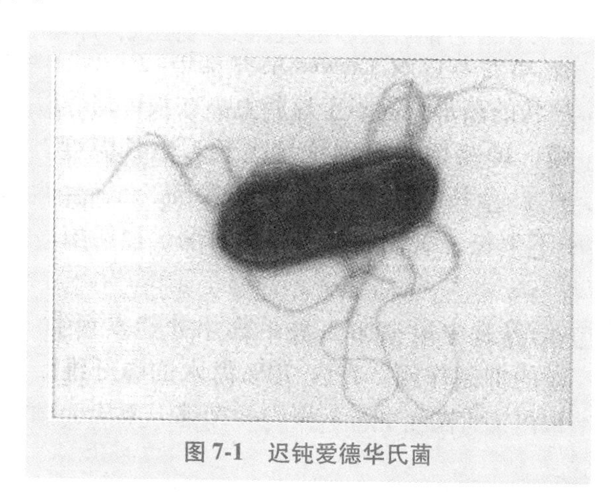

图 7-1　迟钝爱德华氏菌

【症状】 病鱼头部发红，顶部有水泡，随后水泡破裂，呈裂缝状（彩图 13）；在颅骨正上方出现出血性溃疡，严重时头顶穿孔，头盖骨裂开，甚至露出脑组织；部分鱼表现为眼睛充血，常伴有鱼体肚子大，似充气；病鱼在水中旋游，不久即死亡。

【流行情况及危害】 黄颡鱼红头病发病流行的水温为 18~28℃，在江浙地区主要于每年的 5~6 月和 9~10 月形成两个发病高峰。黄颡鱼苗期和商品鱼养殖期都有发生，尤其在苗期会导致整池鱼苗死亡，近几年尤为严重。

【防治措施】

1）调控水质，适当放养部分鲢鱼、鳙鱼，定期使用 EM 原露、光合细菌、生石灰调节改善水质，培育稳定的藻相和水色。

2）使用杀菌药物进行水体消毒，防止细菌的感染。

3）定期在饲料投饵区消毒，在疾病流行季节，每 10 天使用 1 次对水体影响较小的碘制剂等消毒剂。

八、烂鳃病

【病原】 导致黄颡鱼患烂鳃病的病原为柱状嗜纤维菌。

【症状及病理变化】 一般幼鱼易患此病。病鱼无食欲，多在池边水面缓游，鳃丝连在一起，鳃丝末端腐烂缺损，常大量死亡。用显微镜检查，若发现病鱼鳃上无大量寄生虫或真菌寄生，但在高倍镜下可见有大量细长、滑行的杆菌，有些聚集成柱状，即可诊断为患有此病。

【流行情况及危害】 水温偏高时易引起此病，4~6 月为发病高峰，可引起大量死亡。

【防治措施】

1）捞出病情严重的鱼，换掉半池水，然后用浓度为 0.3 毫克/升的强氯精进行水体消毒，每天 1 次，连续 3 天。

2）内服氟尔康，每千克饲料添加 2~3 克，每天投喂 1 次，连续 3 天。

3）投喂鱼肉浆时添加 1%的食盐，要定时、定点投喂。

九、肠炎病

肠炎病又称烂肠瘟，是一种流行很广的细菌性疾病，是对鱼类危害最为严重的细菌性疾病之一。全国主要养鱼区均有发生，常与细菌性烂鳃病和赤皮病并发。此病在水温 18℃ 以上时开始流行，流行高峰在水温 25 ~ 30℃ 时，一般死亡率为 50%，发病严重时死亡率高达 90%。

【病原】 导致黄颡鱼患肠炎病的病原为肠型点状气单胞菌。

【症状及病理变化】 病鱼少食或不食，游动缓慢，离群靠近岸边；腹部膨大，肛门红肿，轻压腹部，自肛门处有黄色黏液流出；剖开鱼腹，可见食道和前肠充血发炎；严重时全肠发炎呈浅红色，血脓充塞肠管（彩图 14）。

【流行情况及危害】 肠炎病主要危害苗种及成鱼。病菌感染可能来源于淤泥，鱼摄食的浮游动物和水蚯蚓以及人工配合饲料中的鱼肉浆也有可能携带此病菌。流行高峰为水温 25~30℃时。

【防治措施】

1）加强饲养管理，坚持“四定”投喂原则。

2）彻底清理池塘消毒，使水质清新。活性饵料用2%~3%的食盐水杀菌消毒。

3）用1毫克/升漂白粉全池泼洒；在投喂饲料时，每50千克鱼用大蒜头250克搅拌掺入饲料中；另外在投喂鱼肉浆时，每天定点将1%比例的食盐加到饲料中；投喂磺胺类药物时，100千克鱼第1天用药10克，第2天至第6天每天递减一半；投喂土霉素类药饵时，100千克鱼第1天用药4克，第2天至第6天每天递减一半。

十、出血性水肿病

【病原】　导致黄颡鱼患出血性水肿病的病原为继发性细菌。

【症状及病理变化】　病鱼体表泛黄，黏液增多；头部充血，背鳍肿大，胸鳍与腹鳍基部充血，鳍条溃烂；咽部皮肤破损充血，腹部膨大，肛门红肿、外翻；腹腔淤积大量血水或黄色胶状物，肠内无食物且充满黄色脓液。病鱼食欲明显下降，在水体上层不停地游动。

【流行情况及危害】　在苗种培育和成鱼养殖阶段均可能发生，苗种阶段危害较为严重。常在高温季节暴发，死亡率高达80%以上。当水温在25~30℃时会明显出现病鱼大批死亡的现象。

【防治措施】

1）密切注意水质情况，保持良好的环境条件，池水溶氧保持在5毫克/升以上。

2）对病鱼池及原池用浓度为0.25~0.3毫克/升的强氯精液进行消毒，每天1次，连续使用3天。

3）投喂肉浆等食物时，每天应在饵料中添加1%食盐。

十一、溃烂病

近些年，黄颡鱼类的溃烂病在我国养殖集约化水平比较高的区域（长三角、珠三角等地）不断发生，在其中个别区域呈暴发流行态势，给养殖生产造成了严重的危害，死亡率较高。

【病因】　针对养殖过程中流行的溃烂病病原，国内外学者有较多的研究和报道，但是对病原的描述都不尽一致，提到的病原细菌，主要为嗜水气单胞菌，可通过试剂盒进行检测（图7-2）。发病的原因主要有以下几点。

1）天气持续高温、闷热、多变，且时有暴雨，养殖水体中的各种有害细菌繁殖加剧，导致养殖水体恶化，各养殖池塘水体的亚硝酸盐普遍偏高，加上黄颡鱼的越冬趴底习性，使得鱼体容易被病菌感染，继而发病。

2）放养密度过大，使鱼类排泄物增多，水质较差，鱼类长期处于半缺氧状态，加之活动空间减少，活动力减弱，使得黄颡鱼易被寄生虫、细菌等病原感染。

3）黄颡鱼养殖池塘多为时间较长的老池塘，水浅淤泥深，未做好池塘及鱼苗的彻底消毒工作。

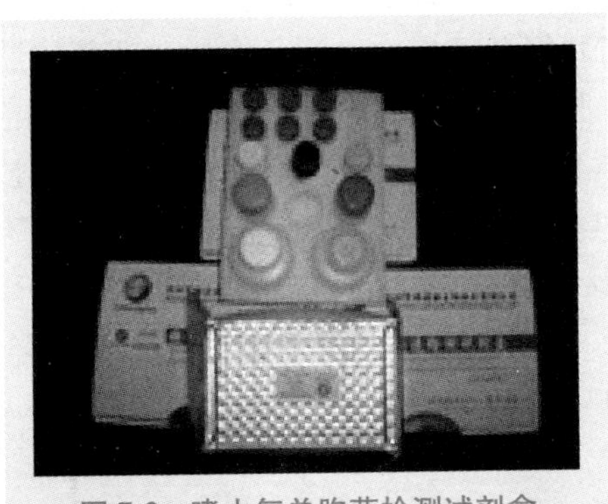

图7-2 嗜水气单胞菌检测试剂盒

【症状及病理变化】 病鱼在发病时期吃食正常，也没有浮于水面及池边独游、行动迟缓无力、摄食不旺等现象。发现病鱼多数是在死后由水流带出水面或者腐烂后自然漂浮到水面上的，因此早期不容易被发现。抽检活体观察，主要症状是两胸鳍基部发红，表皮溃烂，甚至露出肌肉和支鳍骨（彩图15）；严重时腹壁洞穿，内脏裸露甚至流出体外，最终衰竭而死。个别可见上颌、腹鳍基部充血、发炎、溃烂。

【流行情况及危害】 此病的感染率高达100%且扩散非常迅速。水温在14~20℃时容易发生，16~20℃时为发病高峰。

【防治措施】

1）调水、解毒。由于发病鱼塘大多亚硝酸盐浓度较高，而且养殖户都用过毒性较大的烈性消毒药和杀虫药，所以只有先调水、解毒、降亚硝酸盐，才能提高后续用药的效果。同时停止投喂饲料或冰鲜鱼。

2）消毒。为防止病原扩散，消毒是非常有必要的。通常情况下，发病后鱼体质较弱，不宜选用刺激性较大的消毒剂进行消毒，宜选用聚维酮碘、戊二醛溶液、苯扎溴铵溶液等温和型消毒剂进行消毒。

3）内服药物。建议使用中草药类产品内服 2~3 天，投喂 3 天后捞鱼检查可发现鱼体一些小伤口已基本愈合呈方块状补丁样，补丁颜色与周围颜色不一致且多呈现灰色。如大一点的伤口还没完全收口，可酌情继续补喂 2~4 天进行巩固。停服后，用解毒护肝类产品和维生素应激产品拌料投喂，每天 2 次，早晚各 1 次，连服 7 天，同时使用生石灰进行塘底消毒。

【防治注意事项】　溃烂病属于一种慢性病，治疗有一定的难度，在治疗过程中应该注意以下事项。

1）治疗期间及刚治好病后不要大量换水、大量施肥及捕鱼，以免引起应激反应，而加重病情或使病情复发。

2）治疗期间最好不要投喂冰冻海水鱼，宜选择新鲜淡水鱼或优质配合饲料制作药饵进行投喂。

3）发病后，必须及时捞除病死鱼，争取尽早控制病情，以免扩大感染。

4）病治好后，应继续做好预防工作，鱼体对此病不产生终身免疫。

5）时刻保持“防重于治”的养殖心态，经常投喂乳酸菌或应激维生素类产品，提高鱼体免疫力，减少病害发生率。

十二、累枝虫病

累枝虫病鲜有报道，仅有过珠蚌累枝虫寄生于黄颡鱼鱼苗的报道。2014 年 9 月在华中农业大学水产学院教学实习基地首次发现累枝虫寄生于黄颡鱼成鱼。

【症状】 在华中农业大学水产学院教学实习基地黄颡鱼养殖过程中，发现少量黄颡鱼鱼体着生白色包囊，其主要分布于背鳍硬棘、胸鳍硬棘和头顶皮肤、下颌皮肤。两天之后，迅速扩散，可见大部分鱼体着生白色包囊。病鱼吃食略有减少、躁动不安、四处游动，甚至刮蹭水中硬物。当时水温25℃左右，pH为8.20。

【诊断】 挑取黄颡鱼病鱼鱼体上寄生的白色包囊，制作临时玻片标本于显微镜下观察。镜检可见大量累枝虫，其形态似钟形，柄直而粗、透明无肌丝，群体柄不收缩。

【预防措施】 累枝虫的寄生对黄颡鱼摄食、生长的影响不容小觑，应引起足够重视，积极做好预防工作。

1）养殖用水严格杀虫消毒。黄颡鱼养殖过程中，对养殖池塘进水进行严格杀虫消毒处理，必要时可专门准备储水池储水以便于杀虫消毒。日常饲喂过程中，加强水质管理，定期使用消毒剂进行水体杀虫消毒。特别要重视对黄颡鱼养殖池塘的清塘消毒工作。

2）合理投喂饲料并增强鱼体免疫抵抗力。黄颡鱼养殖过程中，应选用品质较高的配合饲料，并根据载鱼量、鱼体大小及水温进行合理投喂。定期在饲料中添加一部分营养物质和免疫调节剂以提高鱼的自身免疫力和抵御病害侵袭的能力。

【治疗措施】 黄颡鱼累枝虫病确诊后，使用10毫克/升的甲醛溶液（福尔马林）和百菌虫克（0.075克/$米^3$）混合全池均匀泼洒。福尔马林用于杀灭寄生于黄颡鱼鱼体的累枝虫和对暂养池水体杀虫灭菌，百菌虫克用于预防由累枝虫寄生引起的机体破溃损伤导致的细菌感染。每天上午9:00换水后用药1次，10天后，累枝虫包囊消失，病鱼痊愈。

十三、锚头鳋病

锚头鳋病又称“铁锚虫病”“针虫病”，是全国各地均有发生的常见病，以南部地区最为严重，主要发生在苗种及成鱼阶段。在发病高峰季节，可在短时间内引起苗种暴发性感染，使苗种大批死亡。

【病因及症状】 由锚头鳋寄生引起。锚头鳋头部插入鱼体肌肉、鳞下，有时也侵入其他器官，虫体大部分露在鱼体外部且肉眼可见。发病初期，病鱼呈急躁不安、游动迟缓、鱼体消瘦等症状。寄生部位充血发炎、肿胀，出现红斑，引起组织坏死。锚头鳋（彩图 16）最适宜水温为 20~25℃，故每年 4~6 月为此病流行季节。

【防治措施】

1）用生石灰清塘消毒，可以杀灭水中锚头鳋的幼虫。

2）在将鱼苗放塘之前，用 1/100000~1/50000 浓度的高锰酸钾溶液浸洗鱼体，可以杀灭锚头鳋的全部幼虫及部分成虫。

3）用 90%晶体敌百虫全池泼洒，使池水药物浓度为 0.3~0.4 毫克/升，对消灭锚头鳋幼虫疗效显著。

十四、营养性疾病

【病因及症状】 饲料中的营养成分过多或过少，饲料变质或能量不足，均会引起黄颡鱼的营养性疾病。常见症状有脂肪肝病、维生素缺乏症等。病鱼肝脏肿大，肝脏颜色粉白或发黄，胆囊肿大，胆汁发黑，胰脏色变淡。病鱼零星死亡。

【防治措施】 改良饲料配方，提高饲料质量，适当增加饲料中维生素和无机盐的含量，切实做好预防措施。

1）合理调整放养密度，加强饲养管理，投喂足够的饲料。

2）不可单纯考虑价格因素而选用低蛋白、高能量饲料和非全价配合饲料。

3）应选用稳定性好、配比合理、营养全面的全价配合饲料，可参照 NY 5072—2002《无公害食品 渔用配合饲料安全限量》。

4）改良饲料配方，提高饲料质量，适当增加饲料中维生素和无机盐的用量。

十五、机械损伤病

【病因及症状】 由于黄颡鱼喜集群生活，其胸鳍和背鳍长有硬棘，在生产操作和运输中易造成鱼体皮肤擦伤、裂鳍等机械性损伤，继而引发细菌感染和霉菌感染。主要症状为烂鳍和生长水霉。主要为网箱分养操作及大规格苗种长途运输后受伤。

【防治措施】 在拉网锻炼、运输中要细心操作。出苗时，暂养网箱时间不要过长，并尽可能降低暂养箱的放养密度。运输用水中可以适量添加土霉素，苗种入池或入网箱前要用低浓度高锰酸钾或3%食盐水溶液浸洗消毒。

第三节 黄颡鱼应激性病症及其防治措施

鱼类应激反应是养殖鱼类受到体内、体外环境改变的刺激后，机体自我调节达到新的动态平衡所产生的一系列非特异反应或称非特异反应的综合。没有应激反应，鱼类就不能适应任何超出一般生理调节范围的环境变化与要求。但是，过强的应激反应会对机体产生危害，导致鱼类生长发育缓慢、繁殖能力下降、免疫机能低下，以致发病率升高、甚至突然死亡等。

一、鱼类应激反应的表现及反应机理

1. 应激反应的表现

在应激初期，鱼类活动加强、运动增加、呼吸加快（鳃骨活动增加）、顶流逆进，群体活动明显、躁动不安、争向水面活动、翻滚弹跳，进而表现惊恐逃避、躲窜，无休止的游泳。经过一定时期后，鱼类出现采食量减少甚至不采食、活动减少、游动缓慢，群体聚集势头降低，单独游动至水面、轻微浮头，逐渐发展至严重浮头、体色变深、衰竭、肚腹朝上、时沉时浮或沉入水底、侧睡不动，接近死亡。

2. 应激因子

凡是偏离鱼类正常生活范围的不良刺激因素都是应激因子，又叫应激源。常见的应激因子可以分为环境因子、生物因子和物理干扰因子三大类。

（1）环境因子 包括水温、盐度、溶氧、氨氮、pH、亚硝酸盐、水流等。

（2）生物因子 包括水生植物、底栖动物、附生藻类、浮游生物和微生物等。

（3）物理干扰因子 包括运输、分池、性别分选、疾病防治等。

3. 反应机理

通过研究鱼类在各种胁迫条件下的反应，发现鱼类对应激反应可分为三个阶段。

第一阶段：机体神经内分泌活动出现变化。

第二阶段：神经内分泌变化的同时机体发生一系列生理、生化、免疫的变化，在此阶段体内生理状态出现紊乱，调节机制发生作用，使鱼体保持在协调状态。

第三阶段：在第二阶段的生理基础上，体内调节失控，鱼类的行为出现变化，生长速度减慢、抗病力降低等。

二、常见的应激性疾病

鱼类为了抵御应激因子会产生非特异性、生理性紧张状态的异常反应，当应激因子的刺激强度超过动物的耐受限度时，机体出现损伤，即应激性疾病，严重时甚至引起死亡。在水产养殖中出现的应激性疾病多表现为充血、脱黏、伤甲、内脏受伤、缺氧、没食欲、惊慌等症状。

鱼类最常见的应激性疾病为应激性出血病。此病主要是鱼在捕捞拉网、分池、转箱及长途运输等应激因子刺激下，全身体表在短时间内发生充血、出血，肝胆异常，鳃出血或瘀血呈现紫鳃，并导致大批鱼的死亡。该病在全国以吃食商品饵料为主的池塘、网箱养殖中出现多，危害重大。

三、防治措施

由于诱发鱼类应激反应的应激因子的多样性，目前尚未获得特别有效的防治方法，只有采用及早发现、提前预防、综合防治、生态治疗的方法，才可最大限度地减少应激反应的发生和危害。目前主要的防治措施如下。

1. 加强水质管理，优化和改良养殖环境

运用传统及现代化的检测手段，采取预防和调控相结合的方式，确保水体的 pH、溶解氧、温度、盐度，总氨氮、亚硝酸盐、硝酸盐、硫化氢的含量，以及生物的种类和数量符合不同养殖鱼类的要求，把水质变动调控在鱼能承受的范围之内，尽量缓解诸多因素对鱼的刺

激，维系鱼类与生态系统的动态平衡及稳定。可以通过泼洒生石灰水或者水质改良剂等手段调控水质。

2. 培育抗应激养殖品种

有关研究表明，不同品种及不同个体的鱼，其应激反应的强度有差异，且这种差异是可以遗传的，故可定向选育低反应强度的群体作为人工养殖的对象。

在抗应激品种的选育工作中要注意以下两点：第一，选育应激反应强度低的群体，对以放流为目的的鱼群不利。第二，由于鱼类应激反应极其多型，在选育工作中应慎重选择应激指标。

3. 增加饲料添加剂提高鱼体抗应激能力

维生素 C、维生素 E、虾青素、腐殖酸、甜菜碱、活性多糖、几丁聚糖、铬酵母等作为饲料添加剂，能在一定程度上缓解应激反应的状况。

4. 强化增氧

多开增氧机，让水中溶氧度尽量升高，有水源条件的尽量加注、排换新水，没有水源条件的用水泵抽取底层水到表层，上下循环，周而复始，尽最大努力给鱼创造一个舒适的环境。

5. 用药施治

药物防治仍然按照普通方法即可，先调节水质（比如加换新水、使用水质改良药剂），再投用杀菌药物（如漂白粉、二氧化氯、碘等），后用杀虫药以防寄生虫滋生侵袭鱼体，内服清热解毒药物调理内脏。发病严重的，可持续 1~2 个疗程。

第四节　黄颡鱼疾病的主要预防措施

一、打牢疾病预防基础

鱼病预防的基础工作有三点：清塘、苗种消毒和合理放养。

1. 清塘

清塘的第一步是对鱼池进行清淤改造、冻土晒塘，以扩大水体容量，铲除鱼类寄生虫及中间寄主和致病微生物的生存土壤，减少有害物质和耗氧因子。第二步是使用消毒药物消毒，首选生石灰，在苗种放养前 10 天左右进水 10~20 厘米，按 150~200 千克/亩的用量化水趁热迅速泼洒；其次是漂白粉，用量为 10~20 厘米水深，按 5~10 千克/亩泼洒。螺类较多的池塘可用氯硝柳胺。

2. 苗种消毒

苗种投放时进行鱼体浸洗消毒常用方法：

1）食盐水，浓度为 3%~5%，浸洗 5~10 分钟。

2）漂白粉，浓度为 10 毫克/升，浸洗 20 分钟左右。

3）硫酸铜，浓度为 8 毫克/升，浸洗 20 分钟左右。

4）敌百虫，浓度为 10 毫克/升，浸洗 30 分钟左右。

5）高锰酸钾，浓度为 20 毫克/升，浸洗 20 分钟左右。

3. 合理放养

根据实际生产情况和池塘条件，合理确定放养密度是预防鱼病的基础工作之一。一般每亩放 10 厘米以上苗种 3 万~4 万尾，无水源补充者则每亩放 1 万尾或者更少些。7~8 月进行分池饲养商品鱼的苗种池，每亩放黄颡鱼鱼苗 2 万~3 万尾。黄颡鱼鱼苗下池 15 天后，每亩搭配花白鲢夏花 400~600 尾。

二、杀虫不可少

这里说的杀虫，主要针对指环虫、车轮虫、中华鳋、锚头鳋四大害虫。每年 3~4 月的预防杀虫最重要，并以杀灭指环虫为主，兼杀车轮虫。杀灭指环虫可选择甲苯达唑溶液或敌百虫。敌百虫剂量用轻了只能对寄生虫起到暂时麻醉作用，需加大剂量到使鱼停食的程度才有杀灭寄生虫的效果。车轮虫病一年四季均可发生，春夏两季是车轮虫病的高发期，如果没有采用“三合一”杀虫法（敌百虫、硫酸铜、硫酸亚铁），一定要在 5 月初专杀 1 次车轮虫。养殖中期杀灭中华鳋、锚头鳋，可交替使用阿维菌素、伊维菌素和马拉硫磷，一般每月 1 次。8 月再用 1 次 90%的敌百虫，预防秋季指环虫病、锚头鳋病。

三、重点在调节水质

调节水质指黄颡鱼生活环境的养护、改善、修复，包括调水、改底、肥水和抗应激，四者紧密相连。所谓调好水，是指各项生化指标正常，有益藻类和微生物占据优势，水质“肥、活、嫩、爽”。调水的重点在增氧、改底和保持水质稳定，不要认为鱼不浮头就不需要增氧。

1）充分发挥增氧机的功能并正确使用增氧机。晴天午后开（2~3 时）、阴天次日清晨开、连续阴雨半夜开、浮头早开。高温季节天天开，阴雨天一般白天不开、傍晚开。

2）加注新水、更换老水。要求 6~9 月期间每周换水 1 次，至少每 10 天 1 次，每次换水 30 厘米，先排底水，再加新水，当透明度小于 20 厘米或鱼食欲不振时更应及时加注新水。

3）阴雨天、闷热天或水源困难时，干撒过碳酸钠颗粒剂加强底部增氧。除用于急救外，一般按 1 米水深 250 克/亩使用，不要超量。

4）水体溶氧 90%以上来自光合作用，水质太瘦的池塘，通过施肥培育有益藻类，既为花白鲢提供了饵料，又可利用藻类的光合作用产生氧气。以投喂颗粒饲料为主的池塘，中后期可用生物肥肥水，少施勤肥，注意增施磷肥，长期保持藻相平衡，水质稳定。

常用的水质净化剂有硫代硫酸钠、腐殖酸钠、硫酸铝粉、聚合氯化铝、沸石粉等，通过絮凝、吸附或沉淀作用净化改良水质。一些消毒杀菌药如漂白粉也有氧化有机质、灭藻抑藻、减少耗氧因子的作用，当水质过肥时使用可一举两得。

四、适时消毒杀菌

鱼病的发生与季节更替、气候变化密切相关，连续阴雨、暴雨之后，持续高温、温度的急升或骤降等都能成为诱发鱼病的气候因素。养殖者要养成每天看天气预报的好习惯，了解本地近期天气情况，以便及时采取应对措施，做到因“时”用药，看“天”消毒。下列几种情况，一定要消毒杀菌。

1）苗种投放完毕紧接着用 1 次硫醚沙星全池泼洒，可有效防止水霉病。

2）春季池鱼放养不久或经过越冬时进行消毒杀菌可及时有效抑制病原菌的繁殖或将病原菌消灭在萌芽状态。一般在第 1 次杀虫后的第 3 天使用消毒杀菌药。

3）在黄颡鱼鱼病高发季，积极消毒杀菌十分重要。

4）连续阴雨天期间，也应用二氧化氯消毒。这是因为连续阴雨，水体浮游植物光合作用减弱，溶氧缺乏，物质循环与能量流动受阻，有毒物质得不到有效分解释放，池鱼在这种环境下，生理活动受到极大压抑，免疫力下降，易得出血病，所以要结合抗应激手段，干撒高品质的二氧化氯泡腾片，天气转晴后再用 1 次二氧化氯。

5）暴雨之后要立即杀菌。暴雨将污泥浊水冲入池中，加剧池水上下对流，特别是夏季暴雨之后温度骤然升高，鱼的应激反应强烈，极易暴发出血病，更应立即杀菌。3 天后使用益生菌、光合菌调水。

6）水质过肥时可先用漂白粉或强氯精消毒杀菌，3 天后调水。

7）动网拉鱼的前一天用 1 次菌毒杀、鱼安或神力拉网宝，不仅可以消毒杀菌，还可以防止拉网后出现大量死鱼。

8）在加注新水时，若发现周边鱼池有死鱼，加水带入传染源的可能性很大，也应立即用 1 次消毒药。

五、科学喂好料

实践证明，凡是以投喂颗粒饲料为主的池塘，如果不能做到科学喂料，仅靠药物预防是难以控制鱼病的。判断一种饲料是否优质，最直接最有说服力的标准有两条：一是长鱼（一般 1.5 千克饲料长 1 千克鱼），二是少发病，既要鱼儿长得好，又要鱼儿发病少。唯有如此，才能证明这种饲料营养均衡全面，没有掺假，能最大限度满足吃食鱼的生长需要，又不含有毒有害和违禁成分。至于蛋白质含量高低并不能作为判断饲料好坏的主要标准。

多云或连续阴雨天时，将一天中最后一餐饲料减半或取消；闷热天时，将早晚两餐饲料取消；严重闷热天时，全天停喂。这是因为鱼在饱食后供血不足，产生生理性缺氧，强行投喂会引起消化不良、浮头甚至泛塘。每餐投喂的时间不超过 40 分钟，最多不超过 1 小时。随着鱼体增重，摄食量增加，循序渐进地增加投喂量，每餐增加的饲料量不能超过前一天的 20%，连续两次增加饲料量的间隔时间不能少于 4 天，否则，饲料的消化吸收率急剧下降，容易出现肠道机械性损伤和急性肠炎。保持水质稳定，溶氧 6~7 毫克/升，是提高饲料利

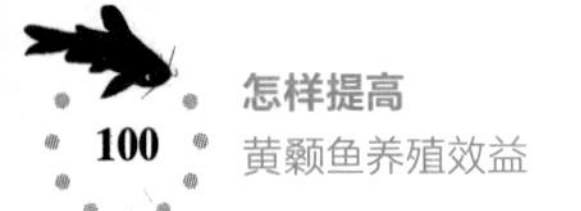

用率、吸收率极为重要的条件。

科学喂好料，还有一个与之相关的内服药投喂问题。适当补充增效剂、维生素 C，以及内服大蒜素、板蓝根等中草药，对提高养殖鱼的免疫力，预防细菌性、病毒性疾病是很有必要的。天气变化前内服维生素 C、黄芪多糖，连续阴雨天后的晴天连喂 3～5 天中草药，可有效预防多种鱼病。由于养殖前期鱼病预防的需要，必须连续使用杀虫杀菌药物，从 5 月初开始就要加强肝胆护理。不发病就不要用诺氟沙星、恩诺沙星、氟苯尼考等抗生素药，不要把治疗的药物当预防药随意添加投喂。

第五节　黄颡鱼养殖过程中科学使用渔药

一、药物的选择

渔用药物应选择正规大型的渔药厂家，同时使用“三效”（高效、速效、长效）、“三小”（毒性小、副作用小、用量小）的渔药。渔药选择的原则如下。

1. 有效性

根据鱼病诊断结果，选择对疾病有效的药物。在药物施用后，一般以给药后死亡率的降低作为确定疗效的主要依据。

2. 安全性

在选择药物时，既要注意其疗效，又要注意安全，尤其不能使用对养殖水环境、食品质量安全和人类健康有潜在危害而被禁止使用的药物。

3. 方便性

全池泼洒法与投喂药饵法是鱼病防治最简捷、有效的办法。使用这两种方法施用渔药时，注意计算水体大小、鱼重量、施用的药物量等。

4. 经济性

经济性主要表现为：一方面药物本身的价值不能太高，不能超过养殖产品的价值或渔民的承受能力；另一方面药物要比较容易获得，

并且在施用过程中，不能耗费太多人力物力，要降低治疗成本。

二、给药途径的选择

1. 常用的给药途径

（1）口服法　口服法用药量少，操作方便，对水环境影响小，是鱼类疾病防治中一种重要的给药方法。此法常用于提高鱼体代谢能力和抗病力，防治体内病原生物感染等，如细菌性肠炎病、病毒性出血病等。口服药物法的治疗效果易受养殖动物病情和摄食能力的影响，对病重和失去摄食能力的个体无效。

（2）药浴法　此法分为全池遍洒法和鱼体浸浴法两种。遍洒法是疾病防治中经常使用的一种方法，一般用于池塘水体。浸浴法用药量少，可人为控制，但对已经投放于池塘的鱼实施集中浸泡操作困难。鱼体浸浴法在运输苗种或投放之前可以实施，此时操作起来方便。

（3）挂袋法　挂袋法用于流行病季节来到之前的疾病预防，具有用药量少、成本低、简便和毒副作用小等优点。目前常用的悬挂药物有含氯消毒剂、硫酸铜等。

（4）注射法　应先配制好注射药物，注射用具也应预先消毒，注射药物时要准确、快速，勿使患病水生生物受伤。另外可以对鱼体进行疫苗预防注射。

（5）涂抹法　涂抹法具有用药少、安全、副作用小等优点，主要用于鱼类因操作、长途运输后身体损伤或亲鱼等体表病灶的处理，适用于皮肤溃疡病及其他局部感染或外伤。

2. 选择给药途径的依据

（1）患病鱼体的生理、病理状况　对于患病严重的鱼池，病鱼停止摄食或很少摄食，应选择全池遍洒、浸浴法、挂袋（篓）法等给药方法，避免使用投喂法。

（2）病原体的种类　由细菌、病毒和体内寄生虫引起的疾病，可用口服法、挂袋（篓）法、全池遍洒法、浸浴法给药；由体表寄生虫引起的疾病可用全池遍洒法、浸浴法给药。

（3）药物的理化性质与类型　不同药物的水溶性不同，除杀虫药物外，能溶于水或经少量溶媒处理后就能溶于水的药物可采取拌饵口服法、全池遍洒法、浸浴法、挂袋（篓）法；杀虫类药物可用全池遍洒法、浸浴法、挂袋（篓）法；疫苗使用可采用注射法，也可根据免疫对象规格大小选用浸浴法。

三、渔药使用遵循的原则

1）渔药的使用应严格遵循国家和有关部门的相关规定，严禁生产、销售和使用未取得生产许可证、批准文号的渔药和没有生产执行标准的渔药。

2）积极鼓励研制、生产和使用“三效”（高效、速效、长效）、“三小”（毒性小、副作用小、用量小）的渔药，提倡使用水产专业渔药、生物源渔药和渔用生物制品。

3）渔用药物的使用应以不危害人类健康和不破坏水域生态环境为基本原则。

4）鱼类养殖过程中对病害的防治，坚持“以防为主，防治结合”。

5）病害发生时对症用药，防止滥用渔药、盲目增大用药量或增加用药次数、延长用药时间等。

6）食用鱼上市前，应有相应的休药期。休药期的时长应确保上市水产品的药物残留符合国家有关规定要求。

7）水产饲料中药物的添加应符合国家有关规定要求，不得选用国家规定禁止使用的药物或添加剂，也不得在饲料中长期添加抗菌药物。

8）禁止使用以下渔药：

① 禁止使用原料药。

② 禁止使用高毒、高残留或具有“三致”（致癌、致畸、致突变）毒性的渔药。

③ 禁止使用对水域环境有严重破坏而又难修复的渔药。

④ 禁止直接向养殖水域泼洒抗生素。

⑤ 禁止将新近开发的人用新药作为渔药成分使用。

⑥ 禁止使用人畜、人渔共用药。

⑦ 禁止在饲料中添加激素类药品和国务院兽医行政管理部门规定的其他禁用药品。

⑧ 禁止使用未经国家畜牧兽医行政管理部门批准的用基因工程方法生产的渔药。

四、给药剂量的确定

（1）外用药给药量的确定

1）根据水产动物对某种药物的安全浓度以及药物对病原体的致死浓度而确定药物的使用浓度。

2）准确地测量池塘水的体积或确定浸浴水体的体积。水体积的计算方法为：水体积（$米^3$）= 面积（$米^2$）× 平均水深（米）。

3）计算出用药量（克）= 需用药物的浓度（克/$米^3$）× 水体积（$米^3$）。

（2）内服药给药量的确定

1）用药标准量，指每千克体重所用药物的毫克数（毫克/千克）。

2）池中鱼体总重量（千克）= 鱼体平均体重（千克）× 鱼的尾数。

3）药物添加率，指每100千克饲料中所添加药物的毫克数。

根据以上的数据，可以从两个方面得到内服药的给药量：

如果能估算鱼的总体重，那么给药总量（毫克）= 用药标准量 × 鱼总体重；

如果投饵量每天相对固定，则给药总量（毫克）=〔日投饵量（千克）/100〕× 药物添加率。

五、给药时间的确定

1）一般情况下，当日死亡数量达到了养殖群体的0.1%以上时，应进行给药治疗。

2）给药时间一般常选择在晴天的9:00～11:00或14:00～16:00给药。

3）最适给药时间的确定应考虑以下方面。

① 渔药理化性质。多数渔药在遍洒给药过程中都要消耗水体中的氧气，因而不宜在傍晚或夜间用药（某些有氧释放的渔药除外，如过氧化钙、双氧水等）；外用杀虫剂不宜在清晨或阴雨天给药，因

为此时用药不仅药效低，还会造成水生动物缺氧浮头，甚至泛池。

② 天气情况。池塘泼洒渔药，宜在上午或下午施用，避开中午阳光直射时间，以免影响药效；阴雨天、闷热天气、鱼虾浮头时不得给药。

③ 环境因素。常用杀菌剂和杀虫剂的药效随水温的升高而增强，一些杀虫剂的毒副作用也会随水温的升高而增强，如硫酸铜在水温35℃时全池泼洒就很容易造成中毒，应避免高温用药；对于菊酯类杀虫剂，更不宜在较高的温度下使用；有些渔药对光线较敏感，见光后易挥发分解失效，如高锰酸钾、二氧化氯、碘制剂等，因而不宜在中午光照较强时使用。

六、渔药使用效果的判定

具体治疗效果可从以下几个方面判定。

（1）死亡数量 如果选用的药物适当，在使用药物后的3~5天，患病水产养殖动物的死亡数量会逐渐下降，否则即可判定为无效。

（2）游泳状态 健康的水产养殖动物往往集群游动，且游动速度较快；而患病个体多是离群独游或是静卧池底。如果选用的药物有效，患病水产养殖动物的游动状态会得到逐渐改善。

（3）摄食状态 患病的水产养殖动物食欲下降，摄食量减少，重病者往往不摄食，如用药物后有效果，则其摄食状态应该逐渐恢复到原有水平。

（4）症状 不同的疾病有不同的典型症状，如果用药后症状得到改善或逐渐消失，说明治疗效果有效。

七、渔药使用中常见的几种错误

（1）阴雨天气或缺氧浮头时用药 鱼类缺氧浮头时不能泼洒药物，因鱼体缺氧时本身就处于应激状态，抵抗力下降，而此时用药会加剧鱼的应激，引起鱼体更加烦躁不安，甚至大批死亡。泼洒药物应在晴天的早晨或傍晚时进行。

（2）泼洒未充分溶解的药物 泼洒未充分溶解的药物时，药物颗粒易被鱼类误食而导致死亡。必须将药物兑水或用其他溶媒充分溶解后再全池均匀泼洒。

（3）超剂量用药 用药量须按照药物使用说明选用，要根据池塘面积、水深精确计算用药量。超剂量用药常常会引起鱼类死亡或引起药物残留超标。

（4）使用过期失效药物 使用过期失效药物达不到鱼病防治效果，养殖生产者要注意过期失效药物的鉴别：如有效生石灰是块状的，没有吸湿粉化；有效的漂白粉未受潮，呈粉末状，不结块；较好的硫酸铜呈蓝绿色结晶状，呈铁锈状的即已失效等。

（5）用药不均匀 池塘泼洒药物不均匀，会出现局部浓度过高，局部浓度过低等，达不到较好的治疗效果。应全池均匀泼洒，不留死角，使整个池塘的渔药分布均匀。尤其是有风天泼洒药物时，要在上风口向下风口泼洒，不能在下风口向上风口泼洒，否则会因风力作用，使下风口处药物浓度过高，而上风口处药物浓度过低。

第八章
掌握黄颡鱼季节管理技术
向养殖管理要效益

第一节　黄颡鱼养殖季节管理误区

一、对季节管理的认识不足

部分新入行的养殖户盲目认为一年四季只要鱼能吃食，投料喂鱼就行了，缺乏季节管理意识，从而导致病害不能得到及时预防，等鱼生病再用药，部分鱼已经病入膏肓了，又病急乱投医；此外气候剧烈变化，也会造成泛塘、倒藻，使鱼类缺氧死亡。一年四季各有特点，要根据季节气候的特点以及黄颡鱼生长规律合理采取措施，科学操作。

二、缺乏季节管理操作的措施

1. 不能正确进行水质的管理和监测

良好的水质是水产品健康生长的基础。养殖鱼类进入正常生长季节后，要定期检查水质，正常 1 周检测 1 次，以了解水质变化，随时发现和解决问题。一般情况下，水质的参数要保证酸碱度在 7.5~8.5，溶氧量≥5 毫克/升，亚硝酸盐量含量<0.1 毫克/升，水质透明度在 30~40 厘米，水的颜色保持黄绿色或黄褐色为宜。要定期换水，换水可以增加水中有机质的含量，补充微量元素，同时减少水里有害生物的数量。10 天换 1 次水最适宜，每次换水量在 15 厘米左右。

2. 不能保持池塘水位合理

池塘的水位要根据不同品种的水产品而定，并保持最佳水位。常规养殖中鱼苗培育池水位保持在 1.2~1.5 米；苗种培育池水位保持在 1.5~2 米；成鱼养殖池水位保持在 2~3 米。

3. 缺乏水质处理措施

一般养殖户或者一些偏远地方的养殖户，缺乏对水质的处理措施。对于水产养殖，不同类型的水体要采取不同的处理措施。对于偏酸性池塘的水质处理方法为：1 亩水面、1 米水深用生石灰 5 千克左右，浸泡 1 小时后泼洒均匀。如果亚硝酸盐或氨氮偏高，在进行预防时，可在晴天放入有益微生物，既能起到净化水质的目的，也能调节水里的微生物群，有利于水产品健康生长。

4. 不能做到科学喂养

有些养殖户不能做到科学喂养，所有季节都投喂一种饲料，或者投喂低质廉价饲料。要想养殖的水产品健康快速生长，投喂的饲料是关键。优质投喂是指投喂的饲料不能发霉，营养要全面，尽量选择全价颗粒饲料，对于不同生长阶段要科学选择饲料并科学配比。适量投喂是指每次投放的饲料要规定好数量，多次少量，雷雨天气避免投喂饲料。

5. 缺乏日常清洁管理

一些养殖户平时工作忙，事务多，缺乏对鱼池的日常清洁管理。鱼池管理平时要加强巡视，巡视过程中要观察水的颜色和鱼的进食情况，并及时清理残饵和杂草，巡视时要细心，掌握天气变化，尽量不打扰鱼的正常生活。日常管理要做到四勤：一是勤换水，新鲜的水可以增加鱼的活力；二是勤开增氧机，中午可以开增氧机 1~2 小时；三是勤清除池塘里的有害物质；四是在巡视时发现有浮头的情况，要及时采取增加氧气的补救措施。

三、缺乏对季节气候变化的把握

冬去春来，气温开始逐渐升高，水体中各种水生动物活动能力与摄食能力开始增强，浮游植物开始生长。然而，外界环境相对不稳定，昼夜温差大，天气变化频繁，水体有毒有害物质大量积累，水瘦等现象都容易引起养殖动物的健康问题。因此这个时期也是防病促长，提高成活率和养殖动物整体质量的关键时期。

夏季温度高，常伴随着台风暴雨，养殖水体时刻发生着微妙的变化，水体不稳定，容易缺氧。为了防止养殖动物缺氧浮头，应在晴天中午多开增氧机进行增氧，另一方面应调节好整体水质以及水体中植物、浮游动物的组成、比例等，定期快速培水、稳定藻相，为养殖动物提供丰富的开口饵料，有效降低水体中氨氮、亚硝酸盐等有害物质的积累，为一整年的养殖打好基础，降低各种疾病的发生概率。

秋季昼夜温差变大，对池塘养殖的水质、底质的影响大，昼夜温差变大直接影响藻类异常生长，出现倒藻、转水、泛底、分层等现象，进而影响整个水体的水质尤其是溶氧情况。立秋后，有些黄颡鱼已达到商品规格，若继续喂养，吃食量大，生长缓慢，应及时起捕上市，减少池塘黄颡鱼密度，使未达规格的黄颡鱼加速生长。

冬季要加强越冬管理，做好防寒抗冻工作。为了使养殖生物安全过冬，室外池塘应适当加深水位，温室养殖要做好加温和调节水质工作；同时提前加固温室，备好应急材料，防止雪灾对温室的损害；网箱养殖应减少操作，防止擦伤。养殖的水产品都已进入捕捞期，要及时起捕，且随着春节的来临，进入成鱼上市旺季，拉网、运输会比较频繁，养殖户要注意捕捞操作，防止鱼体受伤。同时要利用渔闲时机，对已卖完鱼的空鱼池及时进行清整。首先排干池水，对鱼塘进行清淤，扩大鱼池深度，增加养殖空间，水深要达2~2.5米。其次要整修加固池埂，修补渗漏，铲除杂草。另外要冰冻日晒池底半个月以上，以杀灭鱼池中的病原体和其他有害生物，促进有机物分解。

四、不能按季节合理用药

不同的季节池塘环境条件也不同，用药的种类、频次、效果均不相同。例如夏季高温季节，一般会采用消毒剂、生石灰等来预防疾病和调节水质，但是这种预防要根据药性、水产品种类、天气和环境因素合理使用。药物使用要注意以下几点：一是药物喷洒一般是在10:00或16:00，对光比较敏感的药物要晚上使用，早晨、雨天、低气压天气不宜用药；二是控制药物喷洒时间，在水产品浮头期或浮头刚消失时不能喷洒，在水产品长时间没有进食时不能喷洒，容易引起水产品药物中毒；三是注意药物的用量，药物在使用时一定要注意用量，喷洒后要及时观察水产品的状态，防止药物过量引起中毒。

第二节　黄颡鱼春季管理

一年之计在于春，做好这一时期的工作至关重要。春季气温不稳定，在初春时节，气温缓慢回升，忽高忽低，水温也是如此。这时全国大部分地区的池塘水温都比较适宜病原的繁殖生长，此时要做好水产养殖各方面的准确工作。

一、春季的一般管理措施

1. 追施肥料

当池塘水温稳定在 8~10℃时，即开始追施肥料。施肥数量应根据水质肥瘦及肥料质量来决定，水产养殖七分养，三分水。水质清瘦，缺少营养，含有机质少，水藻资源贫乏，都会影响水产的品质和产量。通常养殖户使用通过高温腐烂熟透的家禽家畜粪便、草杂肥等有机肥料施于池塘，或堆放浸泡水中（图 8-1）。每亩一般使用猪粪、牛羊粪 250~500 千克，或者使用鸡粪、鸭粪 150~400 千克。若用化肥则按氮、磷、钾配比为 1：1：0. 5 进行调配，追施时要兑水后全池泼洒，每亩总用量为 3~7 千克，每次追施间隔 5~10 天。

图 8-1　堆肥

2. 投喂饵料

春季投喂应以豆饼、麸皮、玉米粉等精饲料为主，每天定点、定时投喂1次，每次投喂量应为鱼体重的1.5%~3%。以后随着水温升高逐渐增加投饲数量，改为每天投喂2次。

3. 注水技术

早春由于水温低，鱼体个体小，活动摄食量小，池水不宜过深。随着水温升高，鱼体增大，要逐渐加深水位。初春最好要大换水1次，换去全池水量的1/2。以后每15天注水1次，每次提高水位10~15厘米，3~4月保持池塘水位1米左右，同时，要防止污水和敌害生物流入。有些池塘漏水，在灌水之前，要先找准漏水点，加紧维修。有些池塘引水沟渠淤泥堵塞，要抓紧时间清理修通。有些池塘引水路径远，沙漏多，引水入塘量少，要提前排除沙漏，提前开始引水，提前开始蓄水，为养殖做好充分准备。

4. 疾病防治

加紧养殖塘的消毒灭菌工作。水温逐渐回升，病虫害也开始缓慢滋生。此时池塘和水体消毒灭菌刻不容缓，生石灰粉或者漂白粉是最佳选择，既经济实惠，又高效低毒。通常每亩水面使用生石灰粉15~20公斤，满塘撒洒；或者每亩使用漂白粉4~5公斤，兑水泼洒水面，干塘用喷雾器喷洒全塘。池塘要有专人管理，坚持每天早晚巡塘，及时打捞残食，保持池水清洁，禁止投喂变质的饲料。定期进行药物预防鱼病，每隔15天用漂白粉和硫酸铜溶液全池交替泼洒1次，若发现鱼类患病及时诊断治疗。

5. 黄颡鱼投放苗种

水温上升并稳定在18℃以上时，开始投放黄颡鱼苗种。投放苗种时，要注意养殖密度必须合理。过稀和过密都会影响养殖效果，降低产量。

二、春季投苗后的管理

黄颡鱼投放苗种之后，有三大问题是需要特别注意的：一是投喂；二是天气以及水质变化带来的应激问题；三是疾病预防。

1. 投喂

春季随着气温逐渐升高，黄颡鱼开始恢复吃料，建议提早投喂，

减少越冬期停食时间，这样利于黄颡鱼尽快恢复体质。一般水温达到15℃就可以开始按鱼体重的1%投喂。

由于早期鱼体消化机能尚未恢复，加料过急、投喂过量或者饲料变质等情况都会给鱼体造成较大应激，造成消化吸收不好，所以投喂时需要保证饲料质量，加料时要适度合理，保证黄颡鱼长期稳定吃料。每周加料0.2%~0.5%，春季最多加料至2.5%，进入高温天气后，水体分解代谢能力增强，可适当增至3%。

2. 天气以及水质变化带来的应激问题

早期投苗后，我们需要特别重视水质和天气变化，如连续高温或阴晴交替变换，都会对水质造成较大影响，也会对鱼苗造成较大应激。连续晴天，易造成溶氧快速上升，引起气泡病；高温导致水体分层，上热下冷，短时间内温差可达4℃以上，这种情况下鱼苗的应激反应就会很重，很容易导致死亡。

另外水温高，鱼苗摄食虽然很旺盛，但是有害菌繁殖速度也快，做好疾病预防至关重要。暴雨导致表层水温快速下降，上下水层对流，易造成泛底、底部缺氧、鱼苗上游，加剧对鱼苗的伤害。

保持水质的稳定、减少鱼苗应激的措施如下：

1）遇到天气突变，可以及时用抗应激的药物，如泼洒姜每亩200~300克，全池泼洒；

2）定期检测水质指标，及时补充营养，防止水体失去平衡。条件允许的话，每两天补充一些新水，以补充新鲜藻种和营养盐等，保持水体活力；

3）常开增氧机，提前补充底部含氧量，避免鱼苗在恶劣天气上浮，同时使水体流转起来，避免水体分层，减少鱼类的应激反应。

3. 疾病预防

小瓜虫病的治疗以肥水为主，前期调节好水质，肥好水，水体稳定，则可以抑制小瓜虫病。腐皮病的治疗主要通过消毒处理，一般先使用刺激性比较小的碘制剂消毒，若没有效果，病情控制不住，则使用硫酸铜、强氯精等杀菌消毒作用更强的药物处理。当黄颡鱼腹水病发生时，处理方案主要是内服保健“低聚糖500”“水产诱食酵母”等，通过补充大量维生素、免疫多糖等物质，增强鱼的体质，调节鱼体肠胃，促进消化，控制疾病的发展。若腹水病较严重，鱼不开口吃料，则先使用新威灭、三黄散和粗盐外泼，促进吃料后再内服保健药。

三、春季鱼苗过筛技术

黄颡鱼在生长过程中，因为长势原因很多时候也需要过筛分塘，尤其是投喂出问题的时候，鱼苗的规格差别会很大，这个时候分塘操作就很有必要。主要操作措施如下：

第一步：提前一天全池泼洒过硫酸氢钾颗粒（200克/亩），改底解毒，避免拉网的时候激起底泥呛到鱼苗；

第二步：拉网前2小时每亩用300克泼洒姜全池泼洒，鱼苗进网筛苗期间，也用泼洒姜化水之后，不间断泼洒，让鱼苗镇静下来，减小鱼苗的应激反应；

第三步：过塘之后，继续按照每亩200克泼洒姜和150毫升聚维酮碘，轻度消毒。

分塘期间不可避免会对鱼苗造成一些机械损伤，消毒也是很有必要的。消毒剂最好以聚维酮碘或者蛋氨酸碘之类温和的消毒剂为主，这样有利于伤口快速恢复。

分塘过程最重要的就是做好抗应激工作，鱼苗不受伤，过塘之后成活率自然是有保证的。

第三节　黄颡鱼夏季管理

立夏过后，意味着盛夏时节的正式开始，温度会越来越高。夏季是养殖户一年中最忙的时候，因为这是喂料量最大的时间段，又是鱼病高发的阶段，再加上各种天气灾害，这个季节实际上也是养殖户非常头疼的季节。夏季也是黄颡鱼死亡事件发生最多的时间段，比如塘口管理不善导致的死亡、用药不当导致的死亡，还有投毒污染等其他人为因素造成的死亡。

一、了解夏季容易造成黄颡鱼损失的情况

1. 黄颡鱼缺氧泛塘

每年4月或5月以后，各地池塘水温逐渐升高，养殖户投料量逐渐增加，尤其是到了6月以后进入梅雨或高温季节，池塘底部残饵积累越来越多，有机质分解超负荷，夏天又是暴雨多发的季节，降雨过后阳光的再次曝晒，再加上暴雨前后池塘的气压水温等参数的剧烈变化，这时候最容易发生缺氧泛塘死鱼。另外夏季早中晚不同时段里，池塘的溶氧参数变化也是很大的，不少养殖户对增氧机怎么样合理使用并不太清楚，什么时候必须要开，什么时候可开可不开，也是模棱两可的，有时候即使迟开个把小时，鱼塘就会立马出现大面积缺氧泛塘的情况。所以保持电路畅通也是非常关键的，夏季是用电高峰期，再加上暴雨雷电天气比较多，想让自己的鱼塘一直不停电是不可能的，这时候至少要备用1台发电机在塘口，一旦停电能立马应急使用。另外还可以在塘口适当备一些增氧片剂之类的产品，以备不时之需。

2. 黄颡鱼中毒死亡

黄颡鱼属于无鳞鱼，对一些药物的耐受性较差，中毒也分两种，一种是鱼塘本身发生了中毒，比如氨氮、亚硝酸盐指数高导致的中毒，另一种是有人恶意投毒。前一种情况好办，常备水质检测设备，非常方便，条件允许的话可以装池塘监测设备。这种设备还能和手机联网，非常方便。

第二种情况就比较复杂了，因为人为恶意投毒是很具有随机性的，这种情况防不胜防。投毒的目的很多，有的人可能跟你有仇，一冲动给你洒几瓶农药；也可能是有的人看到你养鱼赚钱眼红了，就洒点农药给你找点不痛快；还有的原因更夸张，这两年就有为了争夺承包权而引发的投毒事件，有的人也看中了你的鱼塘水库，通过正常的手段没办法和你竞争，只能通过暗地里使手段；还有的连投毒都算不上，农村里很多鱼塘是跟水稻田在一起的，种水稻难免打农药，有时候是水稻田里的水流到鱼塘里导致的鱼死亡，有时候是农民乱扔农药包装袋、塑料瓶导致的鱼死亡。这种情况很难防。

3. 发病死鱼

升温后鱼经过几个月的快速生长，鱼塘的负荷增大，鱼生长越快，存塘鱼的体质受影响越大，再加上细菌病毒的不断侵袭，发病死鱼的情况也就越来越多，有的甚至是几种病害同时来袭，即便是经验充足的养殖户也不一定有把握从容应对。为了防止出现这种问题，养殖户一定要提前做好防范措施，比如要注意适当加料，不能盲目贪图喂料多，到了温度高的时候还要适当控料，在喂料的过程中要加一些保肝利胆的产品，同时注意定期抽样检测存塘鱼的肠道情况，如果只是稀里糊涂地喂料，等到鱼病发生的时候，就容易出现大面积发病死鱼的情况。这个阶段主要发生的病有出血病、肠炎病、腐皮病、肝胆综合征等。

4. 污染死鱼

如果鱼塘的水源上游有化工厂或者有排放污水的工厂，就一定要高度警惕，夏天同样也是这些工厂污水排放量最大的时候，大多数的偷排污水、废水都是半夜进行的，防不胜防。从以前的新闻报道来看，排污导致的死鱼给养殖户带来很大的损失，最关键的是这种损失还很难通过一个规范的程序来认定，主要是因为水产养殖污染事故的判定本身就比较麻烦，最主要的是举证非常困难，要通过各种检测鉴定的烦琐程序，耗费时间较长。所以尽量不要在容易排放污水的工厂附近建立养殖基地。

5. 恶劣天气

夏天是台风、高温、暴雨多发的季节，沿海地区像海南、广西、广东、福建、江苏、浙江等地都是台风经常“光临”的地方，台风所及之处，经常是狂风暴雨，破坏性极大。暴雨容易导致鱼塘漫水严重、发生跑塘的问题，还会导致各种污染水源和污染物冲到鱼塘里。此外暴雨前后池塘水质变化剧烈，会带来一系列的发病死鱼问题。连续几十天的高温天气，很容易导致池塘水位快速下降，水温过高，池塘氨氮、亚硝酸盐等指数升高，这些都是死鱼常见的诱因。现在智能手机越来越普及，查看天气预报是非常方便的事情，因此，要根据天气预报及时对自己的塘口管理做出适当的调整，有恶劣天气预报的时候，一定要做好充分的准备工作。

二、夏季台风期间及暴雨过后常见的情况

台风会使养殖网箱内的鱼类碰撞、擦伤，易发生继发细菌性溃疡病等病害，使围塘养殖的养殖环境发生突变，如盐度、pH 急剧下降。环境突变使原有生态平衡特别是微生态平衡被打破，细菌等病原生物以及氨氮、硫化氢等有害物质大量产生，黄颡鱼易产生应激反应，导致疾病暴发和流行。

1. 台风、暴雨主要引起池塘水质的变化

1）因为暴雨，雨水大量注入池塘，引起池水 pH 急剧下降。

2）因为雨水大量注入池塘，引起水温下降较大。

3）因为雨水大量注入池塘，引起盐度不同的池水分层现象，使池塘底部水层溶氧下降。

4）因 pH、温度急剧变化，引起池塘水体原来平衡的藻相、菌相失衡。原来水体的藻类和有益细菌可能死亡，病原菌可能大量繁殖，大量陆地细菌可能被带入池塘。

5）因大风引起池塘涌浪，大浪淘底，使原来沉积在池底的硫化氢、氨氮、残饵、动植物尸体、排泄物等有害物质被淘起，引起水质败坏，生物耗氧量上升，特别是池塘底层水质更差。

6）因大风、涌浪使黄颡鱼受到惊吓，引起应激反应。

7）陆地有害化学药物、污水、沉积物、粪便、农药等有害物质随大量雨水冲入池塘引起的危害。

2. 台风过后的主要修复措施

及时修复被毁坏的堤坝、池埂、闸门、网箱养殖设施、拦鱼和防逃设施、育苗设施及厂房和供电等基础设施。滩涂养殖要开沟排（积）水，整理涂面工作。

3. 鱼病预防

台风暴雨期间，池塘水体的溶解氧因为池水上下层对流，阳光少，光合作用差，极易导致池底溶解氧不足，同时，水温、pH 也会降低。而养殖水体中的溶解氧偏低的话，池底的有机质无法正常进行氧化分解，会产生更多的氨氮与亚硝酸盐等有毒物质，对养殖品种产生伤害，极易导致病害的发生。

（1）提高黄颡鱼的抗应激能力 饵料中添加维生素C、免疫多糖、保肝健、免疫多肽进行投喂，可提高黄颡鱼抗应激能力。如果已经发生细菌性病害，则还需另外添加抗菌药物。

（2）防止缺氧 台风后，由于池底泛起，藻类死亡，再遇到闷热天，尤其是早晨，易引起池塘缺氧，所以应做好预防工作，增加增氧机的增氧时间，必要时，在20:00左右，投放一些增氧剂（如颗粒氧）。这不仅可以增加池塘底部的溶解氧，还可以改善池底环境，防止养殖品种出现浮头等情况。

（3）机械损伤疾病的防治 养殖户在台风过后，应尽量采用低刺激消毒剂，如活性碘、水产用二溴海因或高锰酸钾泼洒等对鱼体消毒，可有效地防治鱼体因擦伤所引起的体表溃疡、烂皮烂尾等继发性疾病。如果情况严重，有必要对摩擦、堆挤受伤的鱼进行药浴治疗，具体做法是：将受伤的鱼集中捞到一个网箱或大桶中，以25克/米^{3}的剂量将土霉素溶入水中，浸洗30分钟左右，然后以5~7.5克/100千克鱼体重的剂量的土霉素拌饵投喂，每天1次，连续5~7天。同时，在投喂新鲜饲料的过程中，适量添加免疫多糖、复合维生素、矿物质以及活性物质等营养物质，增强鱼体的抵抗能力，内服抗生素、大蒜素等药物进行必要的预防。及时清理受灾网箱，对存留在网箱底部的污染物和死鱼要及时捞出，并按网箱登记死亡鱼的数量、重量，以便台风暴雨过后补放苗种。

（4）池塘pH的调节 对pH在8.5以内的池塘，可泼洒生石灰。平均水深在1.5~2.0米的池塘，每亩用生石灰5千克，化浆水后全池泼洒，以调节养殖水体的pH。对水质变清的池塘，池塘中可投放生物菌肥、复合肥料等，以保持池塘有足够的肥度及藻相和菌相的平衡。对水质过浓，池底有机质含量过多的池塘，建议使用微生态制剂、底质改良剂等，以改良池塘水质和池塘底部的生态环境。但在使用微生态制剂的同时，必须开动增氧机，避免缺氧。

（5）寄生虫的防治 台风过后水温回升很快，加上养殖池内水质突变，养殖的水生动物很容易发生寄生虫病。鱼类鳃部、体表均易出现寄生虫，可选用敌百虫（要注意控制使用剂量）、硫酸铜、中药敌鱼虫等进行杀灭。

（6）饵料管理　因受环境突变，养殖生物体应激反应大，灾后应加强投喂优质饵料。鱼类应投喂优质全价配合饵料或鲜活饵料，提高机体的抗病力。投饵要实行“四定”的原则，即定时、定点、定质、定量。投饵量要根据天气、水质和吃食情况灵活掌握。一般天气晴朗可多投，阴雨天可少投，天气闷热雷雨之前应停止投饵。水色好、水质肥爽，可正常投饵，水色淡可增加投饵量，水色过浓则应减少投饵量并应及时注入新水。网箱养鱼争食激烈可正常投饵，上浮鱼群减少、争食不激烈时，可减少投饵量。鱼病治疗期间投饵量应适当控制。

（7）及时补放苗种　根据苗种死亡情况，观察、判断、摸清存塘量，确定放养品种及放养量。修复或新建的网箱待水质稳定后，购买苗种补放，每亩放养10000~15000尾。

三、夏季高温时期的防病措施

1. 了解病害发生的原因

夏季高温时期是水产生物病害频发的时期，特别是以细菌病为主的病害，将为整个水产养殖业带来新的一轮危机。夏季病害发生的主要原因有以下几种。

1）由于水温高，水中的生物都处于快速生长期，特别是微生物的生长繁殖更是旺盛，因此细菌病是这段时间的主要病害。

2）由于水温高，水产养殖动物也处于快速生长期，摄食旺盛，胃口大开，吃得多，因此肝胆综合征也是这段时间的主要病害。

3）由于水温高，水中藻类生长旺盛，水体上层溶氧过饱和，但水体下层溶氧却经常会处于不足状态，这主要是由于热分层以及底层微生物的大量耗氧，此外饲料投喂多，因此，氨氮、亚硝酸盐等有害物质大量积累也是这段时间的主要病害。

高温时期的病害，往往不是单个发生，而是综合发生的。即上述三种情况可能同时发生或更多的病害一起发生。因此当病害发生时，想一下子控制住病害，是相当困难的。

2. 高温时期病害的预防措施

1）降低水温。降低水温的方法有：换水；搭遮光棚或遮光网；

开增氧机加速水体流动；使用尿素等可降温的产品。使用尿素会增加水体氨氮含量，只能在急救降温时用。

2）减少氨氮、亚硝酸盐等有害物质的积累。减少饲料投喂量，并内服乳酸菌、芽孢杆菌等有益菌，可减少饲料中氨氮、亚硝酸盐等有害物质的排放；定期换水，定期使用微生物制剂，如光合菌、EM菌等，可控制水体中氨氮、亚硝酸盐等有害物质的积累；定期使用碳源产品，以碳促氮，可让有益微生物消耗水中氮源。

3）减少耗氧微生物的使用。大量使用耗氧微生物，如芽孢杆菌等，一方面会使原本溶氧不足的水体，溶氧更低，严重的会泛塘；另一方面，耗氧微生物在生长繁殖时会产生大量的热，使水温更高，溶氧更低。

4）增加底层溶氧。多开增氧机，特别是中午时分，让底层水上升到表层来增加底层溶氧；也可增加底层增氧纳米管等增氧设备，增加底层溶氧；傍晚或夜晚可用增氧产品来增加底层溶氧。

5）控制饲料投喂量。不要让鱼吃得太饱，一般只喂七八成饱就行，特别是高温、暴雨等不良天气，更应该减少投喂量，或者1个星期停喂1次料，让鱼适当休息。不要以为吃得多才能长得快，那是在没发病的时候，一旦发病，吃得多死得更快。

坚持以上“三减一加一控制”，可有效预防高温时期病害的发生。记住，病害只能预防，很难治疗，而且在治疗过程中，损失也是很大的。因此，一定要做好预防措施，尽量减少病害的发生。

第四节　黄颡鱼秋季管理

一、掌握黄颡鱼秋季促肥长膘的关键技术

秋季气温逐渐下降，天气多以晴天为主。从黄颡鱼等淡水鱼的养殖阶段来分，秋季是养殖鱼类一年中的生长后期，也是长膘育肥的黄金时期。

1. 科学投饲是催肥促长的基础

首先，在秋季应看水施肥，培育水中的生物饵料。养殖后期，往

往氮肥过量、磷肥不足，适当增施磷肥，可收到事半功倍的效果。

其次，秋季气温开始明显下降，昼夜温差大，鱼类开始积累能量准备越冬。入秋后有些养殖户依然投喂中高档料，这时最好更换成高档料。高档料不仅仅是标写的蛋白质含量的高低，还有其他维生素、矿物质等微量成分的不同以及主要饲料原料的优劣。9 月鱼类的摄食量依旧较好，把握好育肥阶段，一方面可以提高白露时期鱼类的自身抵抗力，减少病害的发生；另一方面可以为鱼类过冬做好脂肪等养分的储备。由于饲料品牌较多，尽量选择口碑好、渠道稳定的品牌，对市面上同等档次的饲料要货比三家，切忌贪图便宜选购。

另外，投饲还要根据天气阴晴、水温高低、鱼类食欲盛衰适当增减，以提高饲料的利用率和鱼类的生长率。

2. 调控好水质是催肥促长的关键

1）保持良好的水质，给鱼类生长创造一个良好的环境，是促进鱼类长膘的关键所在。

首先，一般应每 7~10 日灌注 1 次新水，每次换水量 20~30 厘米；其次每亩水面泼洒生石灰 20 千克。生石灰可以中和酸性，提高 pH，释放营养素，改良水质和底质，以每月泼洒 1~2 次为宜。如果是肥水塘或以投喂精饲料为主的鱼塘和配套禽畜场的池塘，水质容易富营养化，最好每亩塘用竹竿栏圈 50~60 米^2 的水面，种上水浮莲和水花生等，以吸收过量氨氮，达到改良调节水质的目的。此外还要使用有益菌，有益菌可以稳定藻相，分解有机质，使硅藻类的有益微藻正常繁殖，既为养殖对象提供丰富的饵料，又可以起到增氧、净化水质的功效。常用的有益菌种有芽孢杆菌和乳酸菌，前者可直接利用硝酸盐类，抑制其他细菌的生长，净化水质，消灭病原体，但是使用时耗氧多，要开动增氧机防止养殖对象缺氧浮头；后者能修复改善养殖对象的肠道微环境，中和有毒物质，是厌氧或兼性厌氧菌，耗氧量少，较为安全。

2）到了秋季，精养密度较大、产量较高的池塘，由于投饵施肥量大，有机质含量多，鱼类活动频繁，极易发生缺氧浮头现象。

当池水中全天溶氧量保持在 4 毫克/升以上时，鱼类消化吸收率比溶氧为 2 毫克/升时提高了 2 倍。但如果水质较肥，池水中浮游生物（主要是藻类）将十分丰富，这些藻类会在夜间和早上日出前吸收氧气，放出二氧化碳，因此一天之中的这段时间池水的溶氧最低。这常使许多鱼类急游水面，消耗大量体力，食欲不振，故有“一日浮头三日不长”的现象。

这段时间，早晨、晚上，尤其是下半夜要加强巡塘。投喂时，一旦发现鱼群吃食减少、吃食时间延长、塘中残饵增多，就说明水中开始缺氧。如白天在水面看到浪花（鱼群受惊后在水面可见明显的波浪），则说明已经出现暗浮头，如不及时采取措施，很有可能泛塘。当发现鱼群出现浮头预兆时，需立即开动增氧机增氧，或注新水进塘，增加溶氧量。如无新水灌注，又无增氧机增氧，则每亩可用 5 千克明矾或 20 千克食盐化水溶解泼洒，也可用增氧剂（按说明使用），同时应注意捞净水中杂质残草，以减少污染，净化水质。

3. 分级轮养，捕大留小是催肥促长的必要条件

许多养殖户认为，入冬以后天气渐冷，多数鱼类停止生长，于是把大小鱼一网打尽，全部上市，这是很不科学的。黄颡鱼适温范围很广，水温在 10℃以内仍会觅食生长，只是生长速度减缓一些罢了。

而且经过长时间的养殖，塘中鱼重量大小不一，如不及时捕大留小，不仅使载鱼量增大，超过负荷能力，且大鱼与小鱼争夺饲料，使小鱼不能长大，因此要定期进行 1 次捕捞，把一定重量以上、适销对路的商品鱼都捕捉上市，再补放小规格的鱼类，实行反季节跨年度养鱼，既可充分利用水面，又能在冬春淡季时大量上市，提高经济效益。

二、秋季防止“秋瘟” 的技术

秋天是淡水鱼的收获季节，不过这个时候鱼类也极易患痿瘪病、小瓜虫病、烂鳃病、水霉病等死亡率特高的急性疾病，俗称“秋瘟”。养殖户防治鱼类发“秋瘟”应把握好七大关键技术。

（1）改良生态环境 注意生态防治，适当投喂全价精料，尽量满足鱼儿生长的营养需要，以提高其免疫能力。

（2）经常加注新水 加注新水不仅能带进氧气和多种营养元素，如铁、锰、硅等，还可冲淡池水中的有机物质和生物代谢有毒物，更利于防病。

（3）净化、改良水质　向池中投放化学药剂或生物制剂，净化、改良水质，可减少鱼病滋生。

（4）加强鱼体灭虫　鱼体外寄生虫病是许多疾病的诱发因素，必须注意观察，做到彻底灭虫，杜绝各种并发症的危害。

（5）适当添加药饵　在鱼饲料中定期适量添加内服药物、食盐等，增强鱼抵御疾病的能力。

（6）避免其他底层鱼搅动　放养底层鱼较多的池塘，要相应添加精料投喂，尽量使生性好动的底层鱼饱腹懒动，避免搅浑池水。

（7）中和酸碱度　秋天池塘常偏酸性，而鱼类在酸性环境中新陈代谢减慢、摄食减少、消化能力差、抗病能力弱，故应定期适量投入生石灰，中和酸碱度。

三、秋季防止浮头泛塘的技术

秋季池塘黄颡鱼存塘量大，投饵施肥量大，水中残存的有机质比较多，有机物分解会消耗大量的氧气，水中过多的浮游动物，也会增加溶氧的消耗，再加上鱼类密度增大、活动频繁，需氧量比较大，因此，秋季鱼类极有可能因缺氧而发生浮头现象，缺氧严重时则会泛塘。

防止浮头、避免泛塘的手段：一是机械性手段，可通过控制施肥量、增加换水次数、适时打开增氧机等措施，增加水中溶氧含量。二是药物性手段，秋季水塘容易出现“水华”，从而导致水中溶氧降低，使用明矾、水质改良剂可避免“水华”产生；出现“水华”后，使用硫酸铜、高锰酸钾等药物，可以清除掉部分“水华”，但用药需慎重，防止对水体造成污染或对鱼类产生毒害；发现有浮头的苗头，及时投放速氧精、颗粒氧等化学增氧剂，也是常用的措施。

第五节　黄颡鱼冬季管理

一、了解黄颡鱼越冬期死亡的原因

1. 越冬鱼塘环境差，严重缺氧造成死亡

一是池塘老化，多年未清淤，黄颡鱼（种）高密度养殖，高投饲，高排泄，有机物增多，耗氧量大；二是有的村边塘、圩镇塘，村民居住密集，生活污水和附近工厂废水排放入塘，大量耗氧而引起溶氧不足；三是水中一氧化碳、二氧化碳、硫化氢超标，也可引起鱼类（种）中毒死亡；四是鱼塘渗漏大，保水性差，缺少新鲜水源补充，塘小水浅鱼类活动空间窄，造成缺氧；五是新挖塘、水瘦塘，缺少丰富的浮游植物，光合作用弱，产氧量抵不上耗氧量，造成鱼类缺氧浮头染病死亡。

2. 苗种过密过小引起死亡

苗种大小不均，加上投喂不当，弱肉强食，造成部分苗种规格太小，体质越来越差，体内积贮的脂肪等营养物质少，难以在漫长的越冬期维持生命活动所需的能量，因身体衰弱而死亡。

3. 鱼体受伤染病死亡

在拉网上市或并塘时操作不当，造成鱼体、鳍条、鳃丝擦伤，使得病菌入侵感染疾病，在越冬期间也容易造成死亡。

4. 管理不善引起死亡

在越冬期间，养鱼户认为鱼类不吃或少吃饲料，而放松管理，使水体缺氧、水质恶化，导致鱼类呼吸困难，大量浮头死亡；发现鱼体不好的苗头没有及时采取措施，拖延时日造成鱼体衰弱死亡。

二、黄颡鱼越冬期死亡的补救措施

1. 改造越冬养殖环境

选择背风向阳、保水性好、水源充足、灌排方便的鱼塘作为越冬塘，种鱼塘面积3~5亩，成鱼塘面积5~10亩，水深2~3米。清除塘底过多的淤泥（可作为农作物和果木的有机肥料），修补渗漏，清平塘底，保留淤泥20厘米即可，并进行阳光曝晒。然后灌水入塘，水深80~100厘米，每亩放生石灰150千克和茶麸50千克（浸水24小时后连渣带水均匀泼洒落塘）。一星期后将越冬塘水位加深到1.5~2米，每亩施发酵有机肥500千克（或尿素5千克、磷肥3千克）培肥水质，使苗种（或并塘后不能上市的成鱼）落塘后即可摄食丰富的饵料。

2. 提高越冬抗寒免疫力

要多投喂高蛋白的饲料，把黄颡鱼（种）育肥育壮。

3. 控制放养密度

放养太密，饲料不足发生争吃，鱼类生长大小不一，活动空间小，水位下降，易缺氧死亡；放养太疏，则浪费水体空间。一般每亩放 10 厘米以上苗种 3 万~4 万尾，无水源补充的则每亩放 1 万尾或者更少些。如果是成鱼塘养殖，一般每亩放 300 千克不能上市的成鱼，也可捕捞多少放回多少，保持鱼量相对稳定，有利增产增收。

三、黄颡鱼安全越冬的技术要点

1. 做好保温措施，管理好水温水质

越冬期间水温、水质的变化和调节直接影响越冬效果。冬季水温低，必须做好保温措施。

黄颡鱼喜好清爽的水环境，浊水可导致黄颡鱼食欲下降，而且浊水中的泥沙等悬浮物容易附着在鳃里面而引发烂鳃病或虫害；另外，浊水或瘦水缺少藻类，且冬季气温低，光合作用弱，容易导致水体溶氧不足。因此，越冬前需要培好藻，肥好水，为黄颡鱼提供优良的水环境。

另外，越冬期间要根据水质及气候的变化情况，更换越冬池水，保证水中足够的溶氧量。当水质老化时，除更换池水外，还可采取泼洒生石灰（15~20 千克/亩）及开增氧机曝气的措施对水质进行调控。

2. 加强营养，提高鱼体免疫力

冬季黄颡鱼吃料减少，免疫力、抵抗力将有所下降，因此在过冬前需要加强营养，提高免疫力。投饲需遵从“四定”原则。正常情况下，每天上、下午各投喂 1 次，不同越冬方式投喂也有所区别：利用温水及工厂余热，且水量充足、水温稳定的池塘，可保持连续投喂；而利用塑料大棚或温室越冬，水体较小、水质易受污染，应控制好投喂量，低温天气应停止投喂。

3. 加强改底，营造良好的底栖环境

冬季持续低温，黄颡鱼主要在水体下层活动，如果底质差，有害物质积累过多，一方面导致黄颡鱼潜不下水底，在上层水体活动，容易冻伤鱼体，引发水霉病等诸多病害；另一方面容易反底，氨氮、亚硝酸盐升高，危害鱼体健康，造成不必要的损失。因此需要坚持改底，为黄颡鱼营造一个良好的底栖环境。另外，需要多开增氧机，加快水中有害物质氧化分解，净化底质。

4. 鱼病防治，预防为主

冬季黄颡鱼免疫力下降，容易感染寄生虫，其中对黄颡鱼危害最大的寄生虫是斜管虫，因此需要提前做好预防工作，选好合适的杀虫药，定期杀虫。杀虫后需要及时消毒，防止细菌感染，引发烂鳃病等疾病。

各地实践证明，冬季水温偏低，用药治疗效果较差，发生鱼病时往往造成不同程度的损失。根据这一情况，越冬期间必须坚持“以防为主，治疗为辅”的原则，从水质、投饲及药物使用等各个环节着手，减少鱼病发生。

另外，低温天气要定期消毒，严防水霉病，尽量避免拉网、刮鱼，以免造成鱼体受伤而引发水霉病。一旦开塘卖鱼，最好将该塘口的黄颡鱼卖完。

第九章
掌握池塘水质底质控制技术 向生态环境要效益

第一节　黄颡鱼养殖过程中常见的水质问题

一、水体中溶解氧不足

水中溶解氧的多少直接影响到鱼、虾、蟹等水生动物的生长和发育，从而关系到养殖的产量和经济效益。因此养殖生产过程中对溶氧的调控显得十分重要。一般养殖池塘要求水体中的溶解氧应保持在5~8毫克/升，至少应保持在3.5毫克/升以上。若溶解氧低，轻则使鱼类生长变慢，易发疾病，重则浮头死亡；而溶解氧过高又会引起鱼患气泡病。一般溶解氧在4毫克/升以上，动物生长正常，原则要求溶解氧越高越好，随着溶解氧提高，摄食量加大、生长速率提高，当溶解氧低于2.0毫克/升鱼类生长受到严重抑制，并出现浮头，同时还会产生一系列生化反应，如有害细菌大量繁殖，氧化还原电位下降，尤其是底层极度缺氧时，沉积物变黑，放出硫化氢、甲烷等有害气体。

1. 导致水体中溶解氧不足的原因

（1）温度　氧气在水中的溶解度随温度升高而降低。此外水产动物和其他生物在高温时耗氧多也是一个重要原因。

（2）养殖密度　养殖池中放养密度越大，生物的呼吸作用越大，耗氧量也相应增大，池塘中就容易缺氧。

（3）有机物的分解　池中有机物越多，细菌就越活跃，这种过程通常要消耗大量的氧才能进行，因此容易造成池中缺氧。

（4）无机物的氧化作用 水中存在低氧态无机物时，会发生氧化作用，消耗大量溶解氧，从而使池中溶氧量下降。

（5）天气因素 天气阴雨、气压低、无风等情况下，会加速水体中溶解氧的失衡，导致水体缺氧。

2. 稳定水体溶解氧的方法

溶解氧是衡量水质好坏的重要指标之一，增加水体中溶解氧的方法有以下几种。

（1）清塘 定期对池底进行清淤很重要，淤泥中含有大量的好氧细菌，它们的生长会降低水中的溶解氧。

（2）培育一定量优质种类的浮游植物 培育浮游植物达20~100毫克/升，并保持浮游植物的嫩而不老，使水体中浮游植物保持高产氧状态。

（3）热天尽量采取降温措施 热天可以采取加新水、瘦水等措施降温，冬天则可以肥水升温。

（4）养护底层 强化改底，减少底层有机物质的耗氧。

（5）机械增氧 开启增氧机，并定期挪动移位，使池塘底部淤泥全部形成活性污泥，参与到整个池塘生态系统的构建中。晴天白天经常打开增氧机，把含氧量高的上层水带入底层，使底泥中有机质迅速分解，从而减少夜间耗氧量。

（6）培养、增加有益微生物的数量 加快池塘有机物质的消耗，保持池塘藻类的多样性及其数量的稳定。

（7）减少不必要的生物耗氧 抑制或减少浮游动物的数量，清杀野杂鱼虾等。有些池塘中即使有成千上万尾野杂小鱼抢饵耗氧，养殖户也不愿混养肉食性鱼类将其吃掉，唯恐伤害了主养鱼，其实这是一种错误的想法。养殖时，可以适度套养比如加州鲈等小型肉食性鱼类，既不大可能伤害主养鱼又杀灭了野杂小鱼，即使有一定的伤害也划得来，水体溶解氧会充足得多。

（8）科学投饵 科学投饵一方面可以减少饵料的浪费，另一方面可以防止饵料的沉积。沉积饵料的有机物会促进微生物生长消耗氧气。

（9）及时增氧 当缺氧发生时，最好、最方便的办法是注入新水，有条件的可使用增氧机增氧，条件不具备或紧急情况下可使用增氧剂。使用增氧剂对水体底层可起到增氧作用，同时也可起净化水质的作用。

3. 市场上主要的增氧剂

（1）过氧化钙（彩图 17）　白色结晶粉末，与水反应后能够产生大量的氧气，可增加水体中的溶解氧，提高水体 pH，并可絮凝有机物及胶粒，降低水体中氨氮含量，去除水体中的二氧化碳和硫化氢，防止厌氧菌的繁殖，且可以杀死致病细菌，具有澄清水体、改良水质的作用。使用时，用水溶解后，以 1 克/米^3 的浓度全池泼洒。

（2）过碳酸钙　白色结晶或结晶性粉末。水溶液呈碱性，活性氧含量 14%，具有氧化性。过碳酸钙干粉的活性氧含量相当于 30%浓度的双氧水。使用过碳酸钙后的池塘水体呈碱性，生成活性氧，从而发挥了其杀菌、漂白、去污的功能。预防缺氧以 0.07~0.15 克/米^3 的水体总浓度全池泼洒；缺氧急救时使用量可加倍，以 0.15~0.22 克/米^3 的水体总浓度全池泼洒。此外，0.02%过碳酸钙溶液还可用于活鱼运输，每 5~6 小时加药 1 次。

（3）过硼酸钠　白色细小结晶粉末，属于温和型氧化剂，能缓慢释放氧，当水温高于 40℃，氧气逃逸加快。使用过硼酸钠后可增加水体碱性，提高水体 pH。使用时用水溶解后，以 1 克/米^3 的水体总浓度全池泼洒，但应注意不能与酸类物质混存。

二、水体中 pH 变化过大

鱼类适宜的 pH 范围为 7.8~8.8，然而由于地域的差异性，外加水体中微生物的氧化分解作用，常常会使水体的 pH 偏离此范围。过低 pH 的水体呈酸性，会使鱼类自身的载氧能力降低，产生缺氧症，便出现了养殖过程中常出现的“浮头”现象；由于耗氧的降低，造成鱼类的新陈代谢缓慢，鱼类便出现了“厌食症”，明明很饿，却吃不下东西。过高 pH 的水体呈碱性，这样的水体更加可怕，会使鱼类的腮部遭受严重腐蚀，造成大面积的死亡。此外，pH 的改变还会引发水体中硫化氢、胺类的含量的改变，这些都会严重影响鱼类的生长，直接导致经济效益的下降。

1. pH 过低的解决措施

1）彻底清塘，清除过多的淤泥，注入新水，可调节水体 pH。

2）饲养期间泼洒生石灰水（水深 1 米、1.5 米、2 米的池塘每亩分别用生石灰 10 千克、15 千克和 20 千克），既可调节水体酸碱度，又可以防止病害的发生。

3）用 NaOH 或小苏打进行调节，采用 1%NaOH 溶液，稀释后，少量多次均匀泼洒，并及时测定水体的 pH，以确定效果。

4）经常对池水增氧，特别是高温季节更要时常搅动上下水层。

2. pH 过高的解决措施

1）清塘时不要使用生石灰，而应用漂白粉。

2）对于藻相引起的 pH 偏高，水深 1 米的池塘每亩可用“蓝藻速灭”100 克或“苔藻净”150 克，晴天中午在下风口局部泼洒。

3）pH 高于 8.8 时，水深 1 米的池塘每亩用“复合乳酸菌”200 毫升加“果酸解毒灵”500 毫升全池泼洒。

4）定期使用“磁性水质改良剂”或“速效改水王”，水深 1 米的池塘每亩用量为 1 千克。

5）改善池塘环境，采用有机肥与无机肥相结合的方法对池塘施肥，并经常加注新水。

6）泼洒“降碱灵”，水深 1 米的池塘每亩用量为 200~250 克。

三、水体中亚硝酸盐偏高

1. 亚硝酸盐过高的危害

亚硝酸盐是氨转化为硝酸盐的中间产物。正常情况下，硝化细菌等其他微生物会将其转化成硝酸盐，并不影响鱼类的生长。然而在某些情况下，比如错误的时间使用了消毒剂，将负责硝化的硝化细菌等微生物杀死，亚硝酸盐便会富集。亚硝酸盐的富集，还与其他原因有关。例如池底淤泥、过盛的饵料、鱼类排泄物等的分解均会产生亚硝酸盐。

正常养殖水体中亚硝酸盐一般以不超过 0.1 毫克/升为宜，当亚硝酸盐积累到 0.1 毫克/升后，会造成鱼体红细胞数量和红蛋白数量逐渐减少，血液载氧能力逐渐降低，长期应激就会造成鱼类的慢性中

毒，患所谓的“黄血病”。水体中的亚硝酸盐过高会导致鱼类摄食降低、鳃组织出现病变、呼吸困难、躁动不安或行动呆滞，严重时可能会出现暴发性死亡。此外，亚硝酸盐的毒性受 pH、温度的影响小，但随着水的硬度和盐度的升高而降低。养殖户可通过亚硝酸盐检测试剂盒检测水体中亚硝酸盐的含量（彩图 18）。

2. 亚硝酸盐过高的防治措施

1）适时清淤可有效防止池底的淤泥过厚而导致过多微生物参与耗氧活动，此外还可适时引进新水。

2）科学合理地投加饵料，可减少饵料浪费，防止过多的饵料促进微生物的分解。

3）同样浓度的亚硝酸盐在盐水中的毒性远远小于淡水，因此，适当提高水体的盐度可在一定程度内降低亚硝酸盐的毒性。

4）培养硝化细菌，促进其生长以防止亚硝酸盐过高。

5）增加曝气设备，增加水体中的溶解氧，也是防止亚硝酸盐过高的有效措施。

6）消毒杀灭厌氧菌后，并用沸石粉进行吸附。

7）使用芽孢杆菌、硝化细菌、光合细菌、放线菌等微生物制剂，利用活菌制剂加快亚硝酸盐的分解与转化。

四、水体中氨氮偏高

正常养殖水体中的氨氮一般以不超过 0.2 毫克/升为宜，氨氮偏高（彩图 19）就会影响水产动物的摄食，造成其中毒，甚至死亡。氨氮以游离氨或铵盐形式存在于水中，两者的组成比取决于水的 pH。当 pH 偏高时，游离氨的比例较高；反之，则铵盐的比例为高。池塘水体中氨氮的来源主要为含氮有机物（鱼类粪便、残饵，淤泥等）受微生物作用的分解而成。此外，在无氧环境中，水中存在的亚硝酸盐也可受微生物作用，还原为氨。在有氧环境中，水中氨也可转变为亚硝酸盐，甚至继续转变为硝酸盐（硝酸盐无毒，可被水生植物利用，而亚硝酸盐有毒）。氨氮是水体中的营养素，可导致水体富营养化，是水体中的主要耗氧污染物，对鱼类有毒害作用。防止养殖过程中氨氮偏高的主要措施有以下几种。

1）定期加注新水降氨，增加换水量是降低氨氮最有效的办法。

2）改善水体的溶解氧状况降氨，在溶解氧多时有效氮以硝酸态氮为主，在缺氧状态下则以氨态氮为主。因而改善水体的溶解氧状况在一定程度上可降低氨含量和氨的危害。

① 定期开动增氧机，使池水有充足的溶解氧并能同时曝气，可促进氨的硝化，使氨转化为硝酸态氮和亚硝酸态氮。排灌不便、注水困难的水体更要使用增氧机。

② 使用化学药品增氧，养鱼生产中常用的增氧药物有过氧化钙、过硼酸钠、过碳酸钙等。

3）使用生物制剂。一些不清淤的池塘淤泥很厚，有害生物滋生，用一些芽孢杆菌配合光合细菌、硝化细菌等生物产品，可以有效保持水质清新。

4）养殖中后期使用沸石粉（15~20 克/米^3）或活性炭（2~3 克/米^3）来改良底质，吸附氨氮，降解有机物。

5）定期检测养殖水体中氨氮的指标，如果氨氮超标，要早预防，早处理。

6）控制浮游动物数量，浮游动物的代谢作用产生氨，适当地放养以浮游动物为食的鱼类，或适时用药物杀灭浮游动物可减少水中氨氮的积累。

7）选择消化率高的饵料，科学投喂。

此外，随着生态养殖技术的日益发展，正确合理地使用光合细菌、EM 菌等活菌制剂，能有效地降低水体中的氨氮，去除水体中的硫化氢和亚硝酸盐，改善池塘底质，稳定水体中的 pH，加快水体中的能量循环及物质循环；合理使用活菌制剂可净化水质，促进水产动物生长，防止疾病，提高成活率。目前使用活菌制剂已成为控制水体中氨氮的最主要措施之一。在使用活菌制剂时，应当注意不同菌类的适应条件和使用方法，否则就达不到预期的效果。如泼洒活菌制剂前后 3~7 天忌施消毒剂，也不能与消毒剂、抗生素等同时使用。光合细菌在日出时使用，效果更显著；在使用硝化细菌时，不能像芽孢杆菌一样用红糖、池水活化；硝化细菌繁殖速度慢，使用时最好和其他活菌制剂错开使用，使用后泼洒沸石粉，效果会更加显著；使用硝化细菌后，4天内尽量不排水。

五、水体中蓝藻等藻类过度繁殖

1. 认识蓝藻生长繁殖的特点

蓝藻是水产养殖过程中经常会遇到的，蓝藻的泛滥对水产养殖影响的事例屡见不鲜。其过度的繁殖会造成水中溶解氧的降低，随后引发一系列并发症。蓝藻的生长繁殖特点与其他物种相似，包括生长期、高峰期以及衰亡期。每一个阶段都应有不同的处理方式，错误的方法甚至会促进蓝藻的繁殖生长（彩图20）。

1）蓝藻的生长周期大概为1个月，前10天为蓝藻的生长期，这时蓝藻不易被察觉，在阳光下水体的透明度略有降低。这时需控制饵料的投加量，并投加生物药剂，对水体进行改善。

2）在其后的10天里，蓝藻生长进入高峰期，水体表面很快被覆盖，使空气中的氧气很难进入水体。这时需对蓝藻进行打捞，并增开曝气设备对水体进行曝气。

3）最后的10天蓝藻生长进入衰亡期，但此时不可不重视，与其说是衰亡期，更不如说是新老交替期，处理不当会造成蓝藻的二次生长。这时需继续增加曝气设备进行曝气，另外引入新水，并投加生物药剂对水体进行及时改善。

2. 蓝藻过度生长的解决措施

（1）物理方法

1）彻底清塘消毒、加注不带蓝藻的新鲜水。由于蓝藻比其他藻类更具竞争力，因此控制措施以预防为主，防重于治。彻底清塘消毒可有效杀灭蓝藻，降低藻种数量，避免大规模爆发。

2）定期更换新鲜水。对于含有较多蓝藻的池塘，经常、大量地更换新鲜水，可稀释蓝藻的浓度，同时也可稀释蓝藻分泌的藻蓝素等有毒物质的浓度，促进其他藻类的生长，保持整个生态系统的动态平衡。

3）人工捞除。对于面积不大的养殖池塘，可以进行人工捞除。具体措施是：用一根竹竿或者塑料管将蓝藻围到一个小角落，然后用密网将蓝藻捞除，降低蓝藻老化后对水体带来的危害。

（2）化学防治　目前，常用的杀藻剂主要有硫酸铜、高锰酸盐、硫酸铝、高铁酸盐复合药剂、液氯等。利用化学杀藻剂除藻无疑是一种效果显著、见效快的有效途径，但也存在一定的副作用：一是用化学杀藻剂除藻后的蓝藻尸体仍留在水体中，并不断释放藻毒素；二是化学杀藻剂本身往往都存在毒副作用，造成二次污染，对水体生物影响很大，使用化学药剂后的河道不利于生物恢复；三是使用化学杀藻剂仅能在短时间内对水体中藻类有控制作用，由于不能彻底杀灭，时隔不久又死灰复燃，有时甚至变本加厉，对水体将是一种恶性循环。因此，必须慎重使用。

（3）生物防治

1）放养一定数量的滤食性鱼类。虽然蓝藻不易被消化，但由于其颗粒较大，更容易被滤食性鱼类摄食到体内，因此放养一定数量的滤食性鱼类有助于延缓、阻碍蓝藻的生长。可供选择的鱼类有白鲢、鳙鱼、白鲫等。

2）经常性地使用高质量的微生态制剂。蓝藻的爆发往往是由于水体的低氮磷比、富营养化所致，因此需先使用芽孢杆菌、乳酸菌等降解池塘水体过多的有机质，然后于次日使用光合细菌来转化过多的小分子类营养物质。这些微生态制剂和蓝藻竞争生态空间，可以稳定水体，促进绿藻等有益藻类的生长。

六、水体中重金属污染严重

近年来水产养殖中出现重金属污染的事例也逐渐多了起来，常见的有铜、铅、锌等重金属的污染。众所周知，重金属的积累，会导致鱼类患病，或者致畸，甚至死亡。这种携带了重金属的鱼类，一旦被人类食用，也会在人体内积累并引发各种病症。特别是对于一些工业比较发达的地区而言，重金属污染尤其应当受到重视。重金属污染的解决措施如下。

1）化学沉淀法，即向水体中投加氢氧化物或硫化物等使其产生重金属盐。

2）物理吸附法，即使用多孔性固体对重金属进行吸附。

3）生物吸附法，即利用动物、植物、微生物等的富集来去除重

金属。

4）生态修复法，即通过人工构建的生态环境去除重金属。

七、水体中有机物过多

水体中有机物过多时，一般的处理思路是首先通过物理、化学方法将水体中大量的有机物沉淀下来，然后加入氧化剂改底，或者施用 EM 菌、光合细菌，再植入新的藻种，加快池塘的能量流动和物质循环。此外，排换底层水、干塘清淤、合理地施用基肥、科学投喂饵料，也能有效地减少水体中有机物的含量。当水体中有机物过多时，快速沉淀水体中有机物尤为关键，通常采用以下一些有机物过多的解决方法。

（1）明矾（结晶体） 以 3 克/米^3 的水体总浓度全池泼洒。

（2）聚合氯化铝 用水溶解后，以 3 克/米^3 的水体总浓度全池泼洒。

（3）沸石粉 以 20 克/米^3 的水体总浓度全池泼洒。

沸石粉是一种吸附性极强的水体改良剂，主要成分有二氧化硅和三氧化二铝，其颗粒内有大小均一的孔道和孔隙，能有效吸附有机物。沸石粉还有以下作用：

1）吸附水体中的氨态氮、有机物和重金属离子。

2）有效降低池底的硫化氢毒性，调节水体 pH。

3）增加水体中的溶解氧，提供常量和微量元素，促进生长。

4）吸附水体中的有害物质，改良水质，减少病害。

（4）麦饭石 以 150~300 克/米^3 的水体总浓度全池泼洒，每 15 天泼洒 1 次。麦饭石主要成分以氧化硅为主，同时含有多种金属氧化物，其内部有许多孔和通道，无毒。主要作用如下：

1）吸收和消解水体及底质中的有毒物质。有报道说麦饭石对细菌吸附能力在 6 小时内可达 96%，对有毒金属吸附力达到 98%。内含物氧化铁能够降低硫化氢的毒性。

2）增加水体中的溶解氧，防止疾病和缺氧浮头。

3）调节水体的 pH，通常使 pH 升高。

4）净化水质，排除生物体内的毒素，促进酶活性。

第二节 黄颡鱼养殖池塘水色调节的主要途径

水色是自然光中不同波长的光穿透水体达到悬浮物质表面后反射的颜色。浮游生物对水色的影响最大，一般意义的水色主要是浮游生物的颜色，又称之为藻色，俗称“绿藻水”。

一、了解水色与藻类的关系

水色是指水体的颜色，不同水体，所含溶解色素、腐殖质、悬浮微粒、透明度、氮磷钾含量及有效辐射吸收作用等不同，形成适合不同藻类群体生存和繁衍的生态环境，在太阳下就呈现不同的水色。藻类群落的细胞形状、大小、适应性分布和体色是水色的重要内容，是水体环境质量的外观表现，在环境保护和水产养殖日益受到重视的今天，藻类已经成为水环境评价的一个重要生物指标。

藻类是水体中的一类主要悬浮物质，不同藻类除了叶绿素外还含有各自的特征色素，色素对光的选择性吸收和漫反射不同而使藻体看起来具有不同的颜色。不仅如此，不同藻类由于对自然光的选择性吸收因而在水体空间分布上具有明显的差异，如对红光吸收较少，对绿光、蓝光、黄光吸收较多的部分红藻，生活于红光难以到达，而绿光、蓝光、黄光能到达的较深海水中（有的可生活在深达 100 米处）。这种不同藻类的分层分布，有利于充分利用阳光和空间，是对环境的一种适应机制，同时不同藻类种类和数量的空间分层分布使水体具有各种各样的水色。

藻类生活在一定的营养中，水体营养状况是水色的重要影响因子。硅藻在氮磷比为 10∶1 时快速繁殖，易成为优势种，形成茶褐色水色（彩图 21）；绿藻在氮磷比为（3～7）∶1 时繁殖最快，易成为优势种，形成绿色水（彩图 22）；而其他单胞藻和大型藻类在氮磷比 1∶1 时会快速生长形成一些不良水色。水体的营养水平影响藻类的生长繁殖，进而影响水体浮游生物的数量和种类，导致水环境中优势种群的差异，从而影响水色。此外所有影响藻类生长繁殖的因子对水色都具有一定程度的影响作用，如温度、光照、pH、盐度、水体底质和溶解氧等。以下介绍几种典型水色及其优势藻类。

（1）瘦水　水体淡绿色或清澈见底，透明度在50厘米以上，水中浮游生物种类和数量都很少，有时出现使鱼类难以消化的藻类，俗称“瘦水”（彩图23）。这样的水体适合观赏、娱乐和作为饮用水水源，但不适宜养殖生产，养殖上一般增加施肥投饵来改善其水质。

（2）嫩水　水体茶褐色或豆绿色，水中溶解氧丰富，透明度为25~40厘米，俗称“嫩水”（彩图24）。水体浮游植物种类较多，以硅藻门、绿藻门藻类为主，易被鱼类摄取。硅藻是许多水生动物及其幼体的优质饵料，硅藻大量繁殖时，水色呈黄褐色，该种水色是养殖的上好水色。需要注意的是硅藻对水体变化的适应能力弱，当水环境发生较大变化时，硅藻就会大量死亡，水色也随之变化。

（3）鲜绿色水　绿藻繁殖较多时水色呈鲜绿色，绿藻可以大量吸收氮肥，起到净化水体的作用。绿藻对水环境的变化适应性较强，以绿藻为主的水体是较稳定的，是养殖者所期望的水色。但浮游生物过量繁殖，水色太绿（如黄绿色、蓝绿色、墨绿色、灰色或混黄色），则导致透明度下降（为20~25厘米）。黄绿色水中藻类主要以绿藻门藻类为主，如小球藻、新月藻、多芒藻等；墨绿色水出现在天气较热时的水体下风处，其藻类数量较多，以裸藻门的藻类（如双鞭藻、棘刺囊裸藻等）为主。水体中的优势种群是不易被鱼类摄食利用的藻类时，对养殖不利，说明水色已老，这种水俗称“老水”，需要及时换水、加注新水或者用氯制剂全池泼洒来控制池水中绿藻的数量，若不及时注水、换水，藻类会因缺氧变坏，部分藻类死亡分解会使水体散发异味。

（4）翠绿色水　当水温升高时，在水体四周（尤其在下风处）的水面上浮有一层翠绿色的浮膜，水体透明度低。该水色是水质老化的标志。此种颜色的水体中常常含有大量的蓝藻（主要种类为铜绿微囊藻、不定微囊藻等藻类）和绿藻（主要是衣藻），藻类会大量死亡并向水体释放有毒物质，麻痹鱼类的中枢神经系统，严重时还会造成鱼类死亡。所以，当发现水体呈现这种水色后，应立即用硫酸铜（使池水的硫酸铜浓度达到0.5毫克/升）化水后全池泼洒或根据实际情况在下风处用硫酸铜（使池水的硫酸铜浓度达到0.7毫克/升）化水后半池泼洒来杀死这些藻类，并将底层池水抽出，以免对鱼类造成危害。

（5）坏水 水体在阳光照射下呈红棕色、褐色甚至黑色，具有腥臭味，且藻类在水中分布不均匀，出现蓝绿色或绿色的云层状及块状、丝状现象（称为“水华”），这是水质恶化的象征，俗称“坏水”。水中含有大量甲藻门、蓝藻门的藻类，如裸甲藻、多甲藻、微囊藻等。甲藻大量繁殖时水色呈酱油色，水体透明度减小，溶解氧含量降低，如不马上换水，容易引起泛塘，造成鱼类大量死亡。

（6）其他水色 金藻、硅藻、隐藻和甲藻的细胞呈褐色或褐绿色，水色几乎是褐色、褐绿色或褐青色；而蓝藻、绿藻、裸藻的细胞呈绿色，其水色接近绿色。但不能因此简单地认为水色和藻类类群间具有必然的对应关系，实际情况要复杂得多。首先，同一门藻类在色素组成上虽然有其共性，但还有特殊情况，如蓝藻门种类一般呈蓝绿色或灰绿色，而有些种类（如颤藻、席藻中的某些种类）因含较多的胡萝卜素、叶黄素和藻红素而使细胞呈黄褐色、红褐色和紫色等颜色；裸藻通常呈绿色，但血红裸藻细胞内有大量血红素而呈红褐色；也有些藻类因具囊壳被甲，使水呈现其壳、甲的颜色。此外，同一种藻的色素组成可以因生活条件的不同而不同，特别是蓝藻和绿藻，当种群的增长达到指数增长末期时，常因养分（氮、磷、碳或微量元素）不足或其他环境变化而使细胞出现“老化”现象，这时叶绿素减少而胡萝卜素和叶黄素增多，使藻体发黄呈褐色。

各种藻类对光照条件的适应而改变颜色的现象更是广泛存在。因此判断水色不仅要根据藻类的不同种类和颜色，还要结合具体情况进行综合分析。

二、弄清水色与养殖的关系

渔业上水质优劣的标准是“肥、活、嫩、爽”，其与藻类密切相关。

1）“肥”指水色浓，藻类数量高（彩图25），其定量指标是透明度在25~35厘米和浮游植物含量为20~50毫克/升。

2）“活”指水色和透明度经常有变化，包括日变化和周期性变化。日变化就是所谓的“早青晚绿”“早红晚绿”以及“半塘红半塘绿”等；周期性变化指这种水色的变化具有一定的时间性和重复性。“活”意味着藻类种群处在不断被利用和不断增长时期，池中物质循环处于良性状态。观察表明，典型的“活水”是出现膝口藻水华现象，这种鞭毛藻类的游动较快，有显著的趋光性，白天常随光强的变化而产生垂直或水平游动，清晨在上下水层中分布均匀，日出后逐渐向表层集中，中午前后大部分停留在表层，下午又逐渐下沉分散，9:00 和 13:00 时的透明度可相差好几厘米。当这种藻类群聚于水体的某一边时，就出现所谓“半塘红半塘绿”的情况。“活水”是养殖的适宜水体。

3）“嫩”指水色鲜嫩不衰，容易消化的浮游植物多，大部分藻体细胞未老化，水肥而不老。所谓老水主要有两个特征：一是水色发黄或发褐色；二是水色发白。水色发黄或发褐色是藻类细胞衰老死亡的宏观表现，所谓的老茶水（黄褐色）和黄蜡水（枯黄带绿）就属于此类。水色隐约发白，主要是微型蓝藻滋生导致的，这种水的特点是 pH 很高（9 以上）和透明度很低（通常低于 20 厘米）。

4）“爽”指水质清爽，水色不太浓，透明度不低于 20 厘米，藻类含量一般在 100 毫克/升以内。透明度很低的原因可能是浮游生物量极高，或蓝藻占优势（集中表层），或是泥沙和其他悬浮物过多。过大的生物量常常是天然饵料未被充分利用，水中物质循环不畅所致。

综上所述，良好水色的生物学指标包括：透明度不低于 20 厘米，藻类浓度为 20~100 毫克/升；硅藻、隐藻等较多，蓝藻较少；藻类种群处于生长期；浮游生物以外的其他悬浮物不多。当然由于地域环境的差异，不同地方的水色应该有不同的判断标准，不可一概而论。

三、水色的调节措施

1. 施肥

施肥可促使藻类繁殖，改善水色。施化肥的池塘，其水色由开始时的黄褐色逐渐转变为黄绿色，再转为嫩绿色，最后呈现蓝绿色。其原因是化肥的使用促进硅藻和绿藻的大量繁殖，使水体出现黄绿色；

此后随环境变化硅藻和绿藻的优势地位让位给鞭毛藻，出现嫩绿色；最后蓝藻成为水体优势种群，水色转变为蓝绿色。施有机肥的水体，水色由黑褐色转为黄褐色，再变为茶褐色，最后呈现红褐色。最初水体硅藻占优势，呈现黄褐色；当硅藻衰退，隐藻、硅藻、甲藻占优势时，呈茶褐色；之后裸藻及原生动物出现，而硅藻锐减，水色便变为红褐色。同样道理，施牛粪的水体，水色为淡褐色；施猪粪的呈酱红色；施人粪的为深绿色；施鸡粪的为黄绿色。施肥改变水色的根本原因在于水体的肥力状况决定了藻类的生长繁殖情况和水体的优势种群。

2. 注水

添换新水可延缓和防止水质老化，但实质上换水只是将污染转移到另外的地方，不能真正除去水体的多余有机质。

3. 接种

需要为水体营造某种水色时，可以定向接种某类或某些藻类，并添加一定的营养物质促使这些藻类大量快速生长，得到期望的水色。

4. 抑制

利用生存竞争规律来抑制某些有害生物生长繁殖，如投放适量的滤食性鲢鱼、鳙鱼等，能有效控制蓝藻等浮游植物过快增长或减少池塘有机碎屑的含量。

5. 施药

泼洒硫酸铜杀死藻类，效果很好。死藻沉于池底，可用清淤机或吸泥泵等机械清除，此外使用絮凝剂等化学物质使浮游藻类沉淀也是较好的手段。

6. 工业处理

利用新兴的水处理技术，如氧化池底、人工湿地等技术与水体配套，可净化水体的富余营养物质，抑制藻类的生长，控制水色。

第三节　池塘水体浑浊的原因及解决措施

一、浊水的主要类型

（1）黄浊水（彩图 26）　主要由泥土颗粒太多引起，多见于养殖前期、暴雨后的鱼塘。

（2）白浊水　主要由浮游动物太多引起，多见于养殖前期的鱼塘或虾塘。

（3）绿浊水（彩图 27）　主要由藻类老化、有机物太多引起，多见于养殖中后期。

二、水体浑浊的原因

水体中藻类少了，悬浮颗粒多了，水体就变得浑浊；如果水体的藻类少了，悬浮颗粒也少了，水体就变成清水了。因此浊水的关键就在于水中悬浮颗粒的多少。

水中的悬浮颗粒主要是指漂浮在水中的泥土颗粒、浮游动物、有机碎屑、浮游植物、浮游细菌、浮游病毒等。泥土颗粒一般由岸边土壤的崩解和塘底土壤悬浮而形成；有机碎屑一般由饲料、肥料和动植物尸体分解而来；浮游生物一般由水体慢慢培育而来。

三、水体浑浊对养殖的好处

（1）为鱼类提供天然饵料　浮游动植物、有机碎屑是鱼类重要的食物来源之一。

（2）为藻类生长提供营养　腐殖质经过细菌的分解可以丰富水中氮、磷等物质的浓度，从而促进藻类的繁殖。

四、水体浑浊对养殖的坏处

1）水中悬浮物过多，将急剧降低水的透明度，抑制藻类的光合作用，恶化溶解氧状况。

2）悬浮物直接和浮游生物或鱼类相摩擦，对生物会造成机械损伤。

3）悬浮物过多易堵塞滤食性动物的滤食器官。

4）较粗的悬浮物特别是泥沙等很易沉淀，大量悬浮物沉淀水底时可将水中微量元素带到塘底，造成水体微量元素不足。

5）水中悬浮物过多时会降低浮游动物和底栖动物的数量。

6）容易暴发寄生虫病。

7）引起底层耗氧细菌大量繁殖。

五、水体浑浊的解决措施

水体出现浑浊，主要还是由于水中的藻类没有生长起来造成的。因此把藻类培育起来是解决水体浑浊的关键。要想快速培育藻类，理论上施肥就可以了，但实际生产中经常看不到效果。水体浑浊了，藻类数量少，影响光照和营养物质的数量，因此只是拼命施肥是不能把水肥起来的，应先把水治理得清一点，让藻类照得到阳光，容易吸收营养，再接种一些藻类到塘里，这时候施肥才容易把水肥起来。

第四节　池塘底质控制技术

一、认识池塘底质的重要性

池塘是一个复杂的小型生态系统，池塘中的鱼类、藻类、微生物在池塘中相互作用，相互影响，而生物间的相互作用还必须依赖于水体和底质这两个媒介进行物质和能量转化，因此池塘中的水质和底质影响整个系统的物质和能量循环，所以进行科学的水质调控是提高池塘高效运作，实现高产高效的一个关键因素，而其中的底质作为池塘中的“能量库”，无疑成为影响水质调控的重要因素。

池塘底质不仅作为养殖用水、各种化学物质的储存库，还是植物、动物和微生物的栖息地以及营养素再循环中心。物质不断地从池塘水中沉淀到池塘的底部，例如流入池塘的地表水中的悬浮固体、施用肥料和未被摄食的残饵及水体中的植物、动物的尸体。物质也可能通过离子交换、吸附和沉淀作用而进入池塘底质的土壤固相，进入底质的物质可能被永久地储存起来，或者可以通过物理、化学或生物学方法转化为其他物质并从池塘生态系统中流失。沉积在池塘底部的有机物质通常被分解为无机碳并以二氧化碳的形式释放到水中，含氮化合物会被池塘底质中的微生物脱氮并以氮气的形式流失到大气中，而磷则被池塘底质吸附后淹埋在沉淀物里进入可利用磷库的循环，含硫化合物经过还原菌的作用产生硫化氢，进而与池塘底质中的金属离子（铁、锰等）结合，变成黑色硫化物沉降于底质。

池塘底质土壤是部分细菌、真菌、高等水生植物、小型无脊椎动物和其他底栖生物的生活场所。此外，甲壳动物以及底栖鱼类大部分时间也生活在池塘底部，许多鱼类还在池塘底部建巢和产卵。微生物的分解作用在底质营养素循环中占有很重要的地位，因为通过分解作用，有机物质被氧化成二氧化碳和氨，并释放出其他矿物营养素，这样，通过微生物，碳、氮和其他元素被矿化或再循环。但是如果某种营养素的平衡浓度太低则可能不利于浮游植物的生长，或者某种重金属元素的平衡浓度太高就可以引起水生动物的中毒。

底质土壤的颗粒大小与质地、pH、有机物质特性、氮浓度和碳氮比以及沉淀物的深度、营养素的浓度等都可以影响到养殖池塘底质的管理。具有活性的底质土壤组分应是具有电荷和巨大表面积的黏土颗粒和具有生物学可利用性和高度化学活性的有机物质。池塘底质的特性与水产养殖产量是密切相关的，不同的底质水生动物的生长发育以及水质指标也是不同的。

二、底质恶化的主要生态表现

开增氧机时，产生的泡沫不易散开或泡沫发黄发黑，并闻到臭味；池角泡沫发黄、漂浮物发黑、池水分层及水色不一致；池底冒气泡或有烟雾上升，特别是在清晨阳光照射下更明显；水体 pH 早、晚基本无变化，长期低于 6.5 或高于 9.0；底泥发黑、发臭。

三、底质恶化的原因

1）在目前高密度、高投饵量、低透明度养殖模式下，大量的饲料残饵、排泄物、浮游生物尸体等有机物不断沉入池底，是造成水质和底质变坏最重要的原因。大量的有机质存在，为池底厌氧性微生物大量繁殖提供了充足的培养基。

2）大量而频繁地排放水，使池塘泥土中矿物质和微量元素流失，造成池底“沙漠”化，池底渗漏，保水、保肥的功能减退。

3）有益微生物减少，致使池塘逐步失去生态平衡，池底的自净功能丧失殆尽，底质日益恶化。

4）养殖水深与增氧能力脱节，造成底层溶解氧不足，底泥发臭。池塘底层溶解氧经常不足，使有机物在厌氧状态下分解，增加了氨氮、亚硝酸盐的释放量。

5）增氧机安装位置不当，未能与池壁形成角度，导致大量脏东西被带到池边角落形成死角，时间久了容易发臭。

6）水较瘦或藻类老化的池塘，藻类光合作用差，溶解氧低，导致有害物质降解速度缓慢，底泥容易发臭。

7）经常使用絮凝剂和吸附剂，造成底质中大量的有害物质沉积，底泥变酸、发酵变臭。

8）藻类含量高、透明度低、水色浓的池塘，会减弱中下层水体的光合作用，中下层水体产氧能力下降，同时藻类的新陈代谢导致死藻量较大，也会造成底质恶化加快。

四、底质恶化的主要危害

1. 导致“氧债”增加

“氧债”是指池塘溶解氧在供应充足情况下的耗氧量和实际耗氧量之差。池塘过多有机物积累在池塘底部，同时池塘底部溶解氧缺乏，在缺氧情况下，兼性厌氧菌大量繁殖，将有机物进行无氧发酵，产生大量的还原性中间亲氧产物，这些亲氧产物会和底部的氧气结合从而消耗底部溶解氧，因此“氧债”的存在是缺氧、水质恶化的重要因素之一，而底质恶化是导致“氧债”产生的根本原因。特别是在夏天和秋天的高温时期，一旦天气突变，池塘表层就会出现水温快速下降的现象，池塘水出现对流，上下层水体之间出现互换，这种情况下，鱼塘会呈现极度的缺氧现象，养殖的水生生物会因为缺氧而窒息死亡。

2. 导致大量有毒有害物质产生

池塘底部过多的有机物在兼性厌氧菌的发酵作用下会产生大量有毒有害物质，如氨、硫化氢、亚硝酸氮、甲烷、有机酸、低级胺类、硫醇等，这些物质大都对水产养殖动物有着不同程度的毒害作用。它们在水中会不断积累，轻则会影响鱼类的生长，饵料系数增大，养殖成本上升；重则会引起中毒和泛塘，对养殖生产造成巨大的经济损失。

3. 导致池塘底部酸碱失衡（主要是酸化）

池塘底部过多有机物在兼性厌氧菌和好氧细菌的共同作用下，

会产生各类有机酸和无机酸，导致池塘底部 pH 快速下降，而鱼类对水质中的酸碱度有一个适应的范围，过高或过低都会刺激鱼类鳃组织和皮肤组织，从而影响鱼类正常的呼吸作用，这就是为什么氧气充足的池塘中也会存在缺氧的症状。酸化严重的池塘底部会造成鱼类不能利用池塘中的溶解氧，因此要在平常生产管理中注意碱化池塘底部。

4. 导致底部病原菌大量滋生

池塘底泥本就是一些寄生虫和条件致病菌的温床，一旦底质恶化，这些寄生虫及致病菌就会趁机大量繁殖，同时酸化的底部也会使一些体质弱的鱼群抵抗力下降，最终引发疾病。

五、常见的不良底质

1. 酸臭、腥臭底质

池底腐败的有机质过多，主要是由于清塘不彻底、养殖过程投饵过剩、没有采取措施定期改良底质等，另外，增氧措施不足，又没有定期抛撒增氧剂，使得有机质没有得到充分氧化分解，产生大量有毒中间产物，如氨氮亚硝酸盐、硫化氢、甲烷等，严重时底质会产生大量有害气体，出现“冒泡”现象。

2. 板结底质

多次大量使用化肥肥水，过量使用硫酸铜、杀虫杀藻剂，大量使用生石灰等药物，造成底质板结，底质与水体之间气体、营养元素的交换被阻隔，水环境缓冲能力减弱，水质变化无常，水产动物容易产生应激反应。

3. “泥皮”底质

大量老化死亡藻类和悬浮胶体沉积物沉淀于底部，在微生物作用后，会变成浮皮，并在水体表面形成大量泡沫等。

4. “丝藻”底质

底质与水体之间营养元素的交换被阻隔，致使水体营养元素的不平衡或缺乏，出现“倒藻”“转水”（水质一夜之间变清），水质过瘦，清澈见底，底部丝状藻、青泥苔大量繁殖。

5. “浑浊”底质

有机质残留过多，且得不到充分氧化分解，以胶体形式释放并悬浮于水体中，造成水质“浑浊”；或养殖密度过大，水产动物在底部不断骚动，引起水质“浑浊”；或因暴雨夹带大量黏土浆，引起水质“浑浊”。“浑浊”水质，悬浮沉降到底部，必然引起底质“浑浊”；另外，“浑浊”水质会遮蔽藻类光合作用，使水体自净能力减弱，使致病微生物大量繁殖，造成病害。

6. “偷死”底质

由于底部长时期缺氧，致使氨氮、亚硝酸盐、硫化氢、甲烷、有机酸等有害物质累积过多，使水产动物于底部中毒死亡，收获时发现底部大量死亡残尸。

六、常见的底质改良产品

除去清塘、清淤、撒石灰等在养殖过程中不方便进行的改底方法，市面上常见的改底产品大致分为 3 种类型：物理吸附型、氧化型以及生物降解型。

1. 物理吸附型产品

此类产品以硫代硫酸钠、活性炭类产品为代表，可将养殖水体底部有毒有害物质吸附在一起，然而这种产品治标不治本，往往导致后期有毒有害物质在底部积累更多，更大程度破坏水产养殖过程中的水环境。

2. 氧化型产品

此类产品以新一代改底成分——过硫酸氢钾复合盐为代表，依靠其强大的氧化能力，将养殖水体底部的有机质和有毒有害物质分解为无毒无害的物质，同时可抑制大部分水体底部致病菌，安全可靠无残留，真正意义上做到了改良养殖水体底部环境，是大多数养殖户认可的改底类产品。

3. 生物降解型产品

此类产品以芽孢杆菌为代表，依靠其分泌的代谢产物如蛋白酶、淀粉酶和自身繁殖消耗来分解底部的有毒有害物质，然而芽孢杆菌高度耗氧，池塘底部溶解氧水平本就相对较低，因此，这类生物菌在底部的生存和繁殖会受到严重的限制。此类型可借助有机质分解能力进行水质调节，起到辅助改底的作用。

七、改良底质的措施

池塘底质恶化的主要因素是残饵粪便日积月累和塘底溶解氧水平低。针对这两大因素，可以从以下措施来进行改良。

1. 加大清淤频率

在养殖季节开始之前，清除当年养殖遗留的残饵、腐烂养殖动物尸体，这是最直接有效的方式。如果条件允许，清淤频率建议 2 年 1 次；如果条件不允许，也不能超过 5 年不清淤。在条件比较困难的情况下，翻耕、曝晒也是一种方式，可以促进塘底淤泥的氧化。

2. 以水养底

如果池塘底质能够一直处于高溶氧状态，它是很难恶化的，所以，增强水体中的溶解氧水平也是关键的技术措施。

（1）合理开启增氧机　开启增氧机可以促进水体上下交流，减少水体夜间“氧债”。

（2）合理施肥　保障水体中均衡的藻类结构，定向培养藻类，使藻类合理分布于水体，保证产氧平衡。

（3）定期补充菌种　水体中菌、藻是两个相互影响的群体，它们的分泌物会相互促进，菌能养藻，藻也能养菌，可以使藻类长期保持活力，水色稳定；同时，微生物能够分解水体中的有机质，保持水体的透明度，促进光合作用，保持水体溶解氧稳定。

3. 直接氧化

这是最直接的方式，即在养殖过程中投放一些氧化型改底产品。这类型改底产品的作用快速、直接，但使用时要注意真假辨别。

4. 科学投饵、减少浪费

根据黄颡鱼的养殖密度、养殖阶段以及天气、水质等综合因素，制定科学的投喂量。特别要关注水体中的溶解氧状况和黄颡鱼健康状况，这会影响到黄颡鱼的摄食以及食物的消化率和利用率。有条件的可以安装溶解氧监控设备，随时监控数值，以便投饵参考。时刻关注天气，阴雨天气突变前少喂或者不喂。

5. 利用机械改底

涌浪机（图 9-1）是一款可以改底的增氧机，其主要功能是搅水改底，在水面形成波浪。它最强大的功能是利用浮体叶轮叶片推水和提水，并共振造浪向四周扩散，均衡上下层水体溶氧和温度，促进水生浮游植物和藻类的生长，通过增强池塘藻类光合作用来增氧。

图 9-1 涌浪机

第五节 黄颡鱼养殖池塘肥水技术

“养殖先养水”，水质管理是养殖成功的关键环节。水质管理包括：肥水、调水、改底、解毒、抗应激等。肥水贯穿于整个养殖周期，水体肥度的合理控制是养殖动物高产的一个关键因素。

一、适当肥水的益处

1）能够丰富水体藻相，增加溶解氧。

2）肥度合适的水体含有丰富的藻类，这些藻类能为养殖动物提供部分天然饵料，特别是提供苗种期良好的开口饵料。

3）适当肥水，可以使水体各种水化因子保持相对稳定，维护水体微生态平衡。

4）合理的肥度能有效控制有害藻类、抑制有害病原体、保持水体相对平衡，从而达到稳产、高效的结果。

二、各个养殖阶段的肥水技术

1. 养殖前期肥水

在彻底清塘后，开始进水。由于现在水源均不同程度受到重金属、农药残留等各方面的危害，在进水后要先进行解毒，解除或减少水体中的重金属、农药残留。

1）放苗前主要做好养殖开始时施基肥的工作。

① 老塘。老塘施基肥，可使用 EM 菌和高效生物有机肥。因缺乏某些矿物元素的老塘较难肥水，可补充钙、镁等矿物元素，同时使用有机肥。

② 新塘。新塘由于各种营养元素缺乏，基肥的使用数量和频率较老塘都要高些，可使用有机肥+复合肥+EM 菌。

2）放苗后追肥。根据池塘水体的肥瘦程度，进行适宜的追肥工作。一般使用高效生物有机肥或氨基酸肥水素。

2. 养殖中期肥水

根据养殖投饵量、水体肥瘦程度，遵循少量多次的原则，进行适宜的追肥工作，建议 10~15 天追肥 1 次（图 9-2）。

图 9-2　池塘肥水

3. 养殖后期肥水

此时还处于养殖动物的快速生长期，由于秋季昼夜温差大，水质不稳定，水中天然饵料少，水体肥度变化大，应及时根据水体具体情况，采取相应措施补肥。

三、肥水的常见问题

1. 初期肥水的主要问题

（1）浮游动物大量繁殖　浮游动物较多时，杀虫后应使用解毒药物。

（2）丝状藻类、青苔大量滋生　如果青苔量小，可适当提高水位，用氨基酸肥水素进行肥水。如果青苔太多，可先人工尽可能捞干净后，再采取上述方法处理，安全且效果明显。若使用药物杀青苔，使用药物后需用解毒药物。

（3）水体中藻类过少　换含藻的新水，然后常规肥水。

2. 春季水温低时肥水

通常在年后放苗时水温较低、光照弱、天气变化无常，肥水特别困难。

1）选择晴天上午，添加新鲜含藻水。

2）使用解毒药物，加水稀释后全池泼洒。

3）施基肥。使用肥水物质进行肥水，水深 1 米的池塘每亩用 1 千克。

4）追肥。可使用氨基酸肥水，配合 EM 菌使用，进行追肥培藻。

3. 水肥起来后很快变清

这主要是由于培养的藻种单一、水体肥力不持久、缺乏某些营养盐限制藻类生长等原因造成的。解决方法如下：

1）先使用解毒药物。

2）补充部分含藻新水。

3）用 EM 菌兑水，浸泡高效生物有机肥，2 小时后，加入肥水药物混匀后全池泼洒。

四、池塘施肥的禁忌

1. 忌雨天施肥

雨天施肥一是水中浮游植物光合作用不强，对氮、磷等元素的吸收功能差；二是随雨水流进池塘的有机物较多且池塘体积加大，导致施肥的有效浓度降低影响肥效。

2. 忌闷热天施肥

天气闷热时，气压较低，水中溶解氧较低，施肥后水中有机物耗氧量增加，容易造成池塘因缺氧而引起浮头泛塘。

3. 忌浑水施肥

水体过于浑浊时，池塘水体的黏土粒过多，氮肥中的铵离子和磷

肥及其他肥料的部分离子易被固定、沉淀，不能释放肥效，造成肥效流失。

4. 忌化肥单施

如果单施某种化肥，营养元素比较单一，其他的营养元素会成为限制因子制约肥效的充分发挥。

5. 忌盲目混施

某些酸性肥料与碱性肥料混合施用时，易产生气体挥发或沉淀于淤泥中而损失肥效；某些无机盐类肥料的部分离子与其他肥料的部分离子产生化学反应会损失肥效；有些离子被土壤胶粒吸附，也会损失肥效。因此，并不是每种肥料都可以混合使用的。

6. 忌高温季节施肥

根据浮游生物的生长规律，养殖塘施肥的季节在每年的4~10月，水温在25~30℃的晴天中午进行，但并非温度越高越好，因为在7~8月超过30℃时施肥，会引起水体溶解氧降低，如果仍一味地施肥，不但浪费肥料，还会败坏水质引起浮头泛塘。

7. 忌固态化肥干施

一般使用固态氮磷钾肥，溶解兑水全池泼洒。固态的氮磷钾肥，由于自身重力因素在水表层停留时间短，如果干施，容易沉入水底而影响肥效。

8. 忌养殖体摄食不旺或暴发性疾病时施肥

养殖体摄食不旺时施肥，施肥培育的大量浮游生物不能被及时有效地利用，容易形成蓝绿藻，败坏水质；而在疾病暴发时，养殖体抵抗力减弱，使用刺激性化肥易使养殖体中毒死亡。

9. 忌一次施肥过量

一般施肥要求5~7天进行1次。如果池塘施肥过量，氮积累过多，水体中有机物耗氧增大，容易造成池塘缺氧泛塘。所以施肥千万不要图省事，一次将肥料施足，要遵循“少量多次，少施勤施”的施肥方针。

10. 忌施肥后放走表层水

肥料施入水体后，经过一系列的生化反应，3~5天后才培育成浮游生物的种群。一般培育的浮游生物均匀分布在水体表面的1~1.5

米处，如果施肥后放走表层水，培育的浮游生物数量明显减少，如果确因农业用水需要，最好从底部放水。

养殖塘施肥不能任性而为，也要根据大环境而定，一旦越过“临界点”很容易造成损失。如果没有施肥禁忌意识，很可能埋下安全隐患。

第十章
掌握现代渔业机械在黄颡鱼养殖中的应用 向科技设备要效益

第一节 渔业机械使用中的盲区

一、没有正确认识增氧机的作用

很多养殖户认为，增氧机的增氧原理就是加大空气与水体的接触面积，通过拍打水面使更多空气进入水体中来实现增氧。殊不知增氧机还有一个十分重要的作用，就是促使水体交换，形成上下和水平之间的对流，而这一点才是实现养殖池塘均衡增氧最重要的功能。

还有一些养殖户认为，只要开着增氧机，塘中的水体就不会缺氧，殊不知，这是最普遍的错误观念。每台增氧机都有溶氧扩散的有效半径，增氧机只对在有效半径范围之内的水体具有增氧作用，在有效半径之外的水体，是无法得到增氧效果的。

二、忽视了投饲机在黄颡鱼养殖中的作用

1. 有利于促进全价配合饲料的推广

投饲机和全价配合饲料的应用均属于科学养鱼的范畴。配合饲料的一个最重要优势是针对养殖品种的营养需要，把各种单一饲料配合起来组成营养全面、经济的混合饲料，避免了单一饲料中营养成分失衡现象。部分养殖户认识到了配合饲料对科学养鱼的重要性，并且也选用了配合饲料，但却不用投饲机，仍传统地把配合饲料一块堆儿放入水底下喂鱼，由于摄食面小、水溶度高等因素，相对于用投饲机投喂会多损失饲料15%~20%。

2. 驯化鱼类到水面摄食，降低饵料系数

投饲机可驯化鱼类到水面摄食，降低饵料系数（即节约饲料成本）。鱼类在水面摄食，投喂的饲料在水中停留的时间很短，故饲料溶化于水体的量就很少，一般在5%左右，而手工撒料或传统的沉水喂法损失率在15%~20%。

3. 满足了科学养鱼中多餐投饵的要求

为了保证鱼类更好更快地生长，常见的淡水养殖鱼类一般需要多餐投饵，而人工一天仅能喂1~2次，如果一天喂多次，养殖面积大，就需要大量的人力，而投饲机可以每天喂4~6次，每次喂八成饱，这样在保证不浪费饲料的前提下，鱼类可以摄食更多的饲料，从而更好更快地成长。

4. 降低病害发生率，提升鱼类的品质

不使用投饲机的鱼塘，由于饲料损失率高，沉入塘底和溶入水体的饲料有机质腐烂变质，当超过了池塘本身的净化能力，就会造成有害细菌生长和有毒气体的富集，鱼类易感染疾病，甚至会导致恶性泛塘和大面积死亡。而正确使用投饲机投喂配合饲料的池塘，池底基本无残余饲料，水体中少量溶入的鱼类粪肥和饲料粉末可被水质良好的塘水自净，池塘可一直保持一个良好的生态体系，故鱼类病害少，使用药物也就减少，从而生产的鱼可达到绿色无公害标准，提升鱼类品质。

5. 大大提高养殖者的养殖技能

由于使用投饲机可驯化鱼类到水面摄食，故可看清鱼类的规格、生长速度、摄食强度和数量，便于养殖者观察、记录、分析，提升养殖技能。

三、认为渔业机械是万能的

许多养殖户认为有了渔业机械，就万事大吉，殊不知渔业机械只是起到辅助提高养殖产量和效率的作用，减少劳动力投入，但是难以代替人本身。此外，渔业机械本身也需要经常维护和保养，否则就容易失灵，导致养殖事故的发生，给养殖户造成重大损失。

第二节　如何正确选择渔业机械

一、如何正确选择增氧机

1. 增氧机的种类

增氧机种类繁多，常用的有叶轮式增氧机、水泵式增氧机、水车式增氧机、射流式增氧机、充气式增氧机等，还有最近很火的变频增氧机和涌浪机。在黄颡鱼养殖中普遍使用的是叶轮式增氧机，其具有增氧、搅水和解吸有毒气体三大功能。其中增氧功能主要通过造成水跃、液面更新和负压进气方式实现，其稳定性明显优于其他类型的增氧机。

（1）叶轮式增氧机　叶轮转动时能产生水跃，增加了水气接触面积，促进空气中的氧溶于水。目前，超级叶轮式增氧机的功率虽然只有 1.5 千瓦，但却能够超过功率为 3 千瓦的传统叶轮机增氧量的 8%，能够省电 1/2，提水能力达到 1.5 米，水花面积比传统叶轮机大 50%，电机使用寿命长达 10 年，可谓是养鱼大神器。

（2）涌浪机（图 10-1）　涌浪机的主要功能是搅水改底，在水面形成波浪，它最强大的功能是利用浮体叶轮叶片推水和提水，并共振造浪向四周扩散，均衡上下层水体溶氧和温度，促进水生浮游植物和藻类的生长，增强池塘藻类光合作用来增氧。涌浪机有以下三大特点。

图 10-1　涌浪机

1）节能降费。涌浪机耗电少、提水效果好、造浪能力强、曝气增氧效果显著。据养殖户观察，可节能50%左右。

2）增氧均匀。涌浪机在30~40米半径范围内能形成10~15厘米的浪花，对水体均匀增氧效果明显。

3）有效改良水质。连续波浪推动水体运动，水质受氧均匀，减少叶轮机工作集中富氧区氧气的浪费，并能改善水体藻类分布及藻相变化，达到调节水质的目的。

2. 如何选择增氧机

市场上的增氧机种类五花八门，每种机器的工作原理和特点都不相同，那应该如何根据自家的养殖品种、养殖密度、池塘面积来选择呢？

首先，选用哪种增氧机，要看什么池塘用，用在哪里。使用场景可分以下3种。

（1）投料区增氧 可以选水车式增氧机（图10-2）、射流式增氧机。

图10-2 水车式增氧机

（2）鱼苗塘增氧 可以用叶轮式增氧机或水泵式增氧机。

（3）常规塘增氧 一般用叶轮式增氧机。

其次，选好需要的增氧机后要考虑其数量。一般像涌浪机这种特殊设备，最佳位置是摆放在池塘中间，一个池塘放1台，功率视鱼塘面积而定，按照逆时针方向推动水流；水车式增氧机主要放在池塘的角落，按照逆时针方向推动水流，少的放1台，多的放4台甚至更多，以便让水循环起来。

二、如何正确选择投饲机

1. 投饲机的类型

目前市场上销售的投饲机根据动力的不同，主要有3种类型。

1）使用220伏电压的投饲机，广泛适用于池塘、水库养殖，是目前使用最多的一种，规格有大、中、小3种。

2）不用动力的小型投饲机，适用于面积较小的网箱和工厂化养殖。

3）电瓶直流电供电的投饲机，适合电源不方便的边远零星鱼塘。

2. 投饲机的构造及工作原理

投饲机由电动机、甩料盘、下料漏斗、搅拌器、落料控制片和机壳等组成。工作时，电动机经皮带轮减速后带动甩料盘和搅拌器转动，通过搅拌器的饲料经落料控制片和下料漏斗落入料盘，被叶片甩出机外，定向投入池中。

饲料呈扇形散落鱼池中，也可以呈360°全方位投饲。投饲机可以控制投喂次数、持续时间及投饲量，自动化程度较高。主电机功率一般为30~100瓦，投饵距离2~18米，料箱容积60~120千克，每台投饲机的使用面积为0.33~1.33公顷。

3. 鱼塘投饲机的选用

现在市场上出售的投饲机，适合鱼塘用的是使用220伏电压的投饲机。这种类型的投饲机，在功率上又存在差别，最常见的有70瓦、90瓦、110瓦和120瓦4种。如果按每亩鱼塘产鱼量1500千克计算，功率是70瓦的投饲机，投饲面积在70米^{2}左右，可以供10亩鱼塘使用；功率是90瓦和110瓦的投饲机，投饲面积在100米^{2}左右，可以供10亩、15亩的鱼塘使用；功率是120瓦的投饲机，投饲面积在130米^{2}左右，可以供15亩、20亩的鱼塘使用。

不同功率的投饲机的适用范围是不一样的，所以在选择鱼塘投饲机的时候，养鱼户可以根据上面介绍的基本知识，结合自家鱼塘的面积及鱼的产量，选择合适的投饲机，以获得良好的经济效益。

第三节　黄颡鱼养殖中增氧机的使用方法

一、掌握池塘溶解氧的控制方法

水生动物的养殖离不开水，必须在有氧的条件下生存，缺氧可使其浮头并导致死亡。水中溶解氧的多少直接影响到鱼类的生长和发育，进而影响养殖的产量和经济效益。因此在养殖生产过程中对溶解氧的调控十分重要。

1. 了解溶解氧的来源

很多人理解为只要开动增氧机或者加水换水就能增加水中的溶氧量，其实，这只能说是一种很机械的增氧方法而已，是短期和及时的增氧，并不能真正、持续有效地解决水中溶解氧稳定的问题。水中溶解氧来源于两个途径：一是水体浮游植物、水生植物的光合作用；二是空气中氧气扩散溶解于水中。在晴天，池塘水体溶解氧95%以上来源于浮游植物的光合作用，因此培育好水体中的浮游植物极其重要。

2. 了解溶解氧的消耗

水体中耗氧分为生物耗氧和化学耗氧，生物耗氧指水体中鱼类、浮游动物呼吸及夜间无光时浮游植物、水生植物呼吸耗氧；化学耗氧指水体中有机质等在细菌作用下进行氧化分解的耗氧，而往往水体中化学耗氧占有相当大的比重，一般达耗氧量的72%。

鱼类通过鳃呼吸水体中的溶解氧，当水温达30℃时，单位时间内每千克体重鱼耗氧400毫克/(千克·时)，是人的2倍，而水体中溶解氧却远远低于空气中的含氧量（20℃水温、饱和溶解氧仅6.1毫克/升)，因此，鱼类经常受到低氧的威胁。

1）当水中溶解氧低于4毫克/升时，鱼类减食量为13%。

2）当水中溶解氧低于3毫克/升时，鱼类减食量为36%。

3）当水中溶解氧低于2毫克/升时，鱼类减食量为54%。

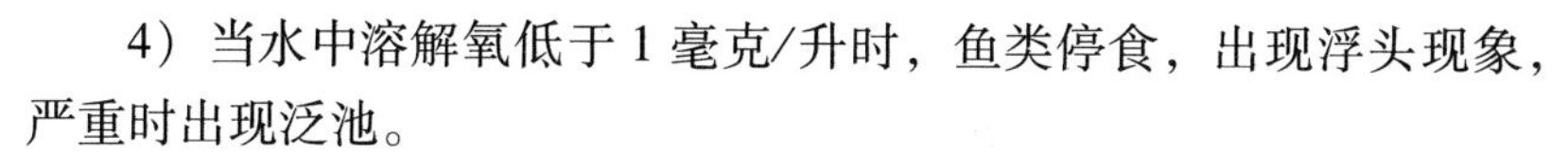

4）当水中溶解氧低于1毫克/升时，鱼类停食，出现浮头现象，严重时出现泛池。

当池塘缺氧时，人们常常认为是养殖密度过大所致，实际上是由于有机物质的大量耗氧和水质恶化所引起的。大量的有机质贮存于池塘底部，主要养殖季节极易形成“温跃层（隔离层）”，底层的有益微生物由于氧气缺乏繁殖数量下降，导致了底质恶化。

水体中溶解氧的含量直接关系水产动物的生存与繁殖，当溶解氧含量低于2.0毫克/升时，水生生物将受到严重威胁，同时还会产生一系列生化反应，如有害细菌大量繁殖，氧化还原电位下降，尤其是底层极度缺氧时，沉积物变黑，放出硫化氢、甲烷等有害气体。

3. 化学耗氧量（COD）

化学耗氧量（COD）是指水体中易被氧化的有机物和无机物（不包括氯离子）所消耗的氧的数量（以毫克/升表示），化学耗氧量是反映水体中还原物质污染程度的综合指标，水体中的还原物质包括有机物、亚硝酸盐、硫化物等。池塘中有机物来源包括饲料和有机肥料、死亡的有机体、生物排泄物等，有机物分解需消耗大量氧气，从而影响动物的生长。

4. 水体透明度

透明度由光照强度、水中悬浮物和浮游生物量决定，在一定程度上可以表明池水的肥瘦和浮游生物的丰歉。透明度一般要求在20~30厘米为宜，透明度在20厘米以下表明池水过肥，水质条件恶化，夜晚易出现缺氧，而透明度在40厘米以上表明浮游生物过少，对滤食性鱼类生长不利，且溶解氧降低。

透明度是养殖水体的重要指标。水体透明度是指光透入水中深浅程度，其计量单位用厘米表示。养殖水体透明度的高低主要取决于水中悬浮物，尤其是浮游植物的多少，故透明度大小不仅能反映水中浮游植物的光合作用能力强弱，而且能大致反映水中饵料生物的丰歉和水质肥瘦度。影响水体透明度的因素有以下几项。

1）季节气候、天气变化、水体条件等。透明度随水体的浑浊度改变而改变。

2）夏季水温高，由于水中各种浮游生物大量繁殖，养殖水产动物排泄物多，有机碎屑丰富，会使池水透明度降低。

3）晚秋、冬季天气转冷，水温低，浮游生物大量死亡沉淀，悬浮颗粒少，水体透明度会升高。

4）由于施肥、投饵区及其附近有大量细菌、浮游生物聚集、繁育，其水体透明度比其他地方低。

5. 导致溶解氧不足的原因

1）温度。氧气在水中的溶解度随温度升高而降低。此外水产动物和其他生物在高温时耗氧多也是一个重要原因。

2）养殖密度。养殖池中放养密度越大，生物的呼吸作用越大，生物耗氧量也越大，池塘中就容易缺氧。

3）有机物的分解。池中有机物越多，细菌就越活跃，这种过程通常要消耗大量的氧才能进行，因此容易造成池中缺氧。

4）无机物的氧化作用。水中存在低氧态无机物时，会发生氧化作用，消耗大量溶解氧，从而使池中溶氧量下降。

5）天气的因素。阴雨、气压低或无风等情况下，会加速水体中溶解氧的失衡，导致水体缺氧。

6. 溶解氧与其他有毒物质的关系

保持水中足够的溶解氧，可抑制生成有毒物质的化学反应，转化降低有毒物质（如氨、亚硝酸盐和硫化物）的含量，例如，水中有机物分解后产生氨和硫化氢；在有充足溶解氧存在的条件下，经微生物的氨氧化分解作用，氨会转化成亚硝酸再转化成硝酸，硫化氢则被转化成硫酸盐，产生无毒的最终产物。因此养殖水体中保持足够的溶解氧对水产养殖非常重要，如果缺氧，这些有毒物质极易迅速达到危害的程度。

7. 保持水中溶解氧平衡的方法

其实，使水中溶解氧保持平衡的方法很简单，并不复杂，只不过是一个系统性的操作过程。即：减少有机质耗氧，培养立体藻相，进行立体增氧，因为夏季高温易形成水的隔离层，因此，在天热时，应尽量打破这种隔离层，使水中溶解氧均衡。

8. 稳定水体溶解氧的方法

稳定水体中溶解氧主要的方法就是机械增氧。开启增氧机，并定

期挪动移位，使其池塘底部淤泥全部形成活性污泥，参与到整个池塘生态系统的构建中。晴天白天经常打开增氧机，把含氧量高的上层水带入底层，使底泥中有机质迅速分解，从而减少夜间耗氧量。缺氧时，最好、最方便的办法是注入新水，有条件的可使用增氧机增氧。条件不具备或紧急情况下可使用增氧剂，使用增氧剂对水体底层可起到增氧作用，同时也可起净化水质的作用。

二、合理布局增氧机

1. 水面小于 8 亩的池塘

针对一些小面积水面的塘口，建议在塘口中央放一个叶轮式增氧机，在任意一条对角线的两端各放 1 台涌浪机（图 10-3）。

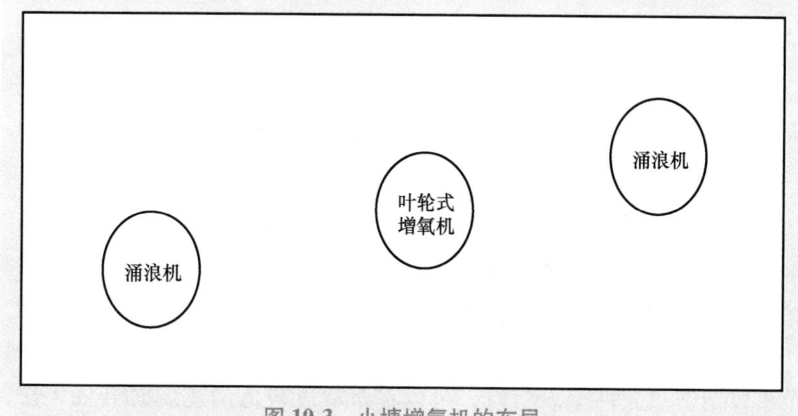

图 10-3　小塘增氧机的布局

这样可以通过涌浪机实现水平上的水体交换和溶解氧的增加，通过叶轮式增氧机实现水体上下水层的交换，还可以打破水体中的温跃层，防止底层缺氧，夜晚开启 2 台涌浪机即可保证溶解氧的充足。

2. 水面在 8 亩以上的池塘

针对一些较大面积水面的塘口，建议在塘口中央放 1 台涌浪机，在两边各放 1 台叶轮式增氧机，对角线各放 1 台水车式增氧机（图 10-4）。

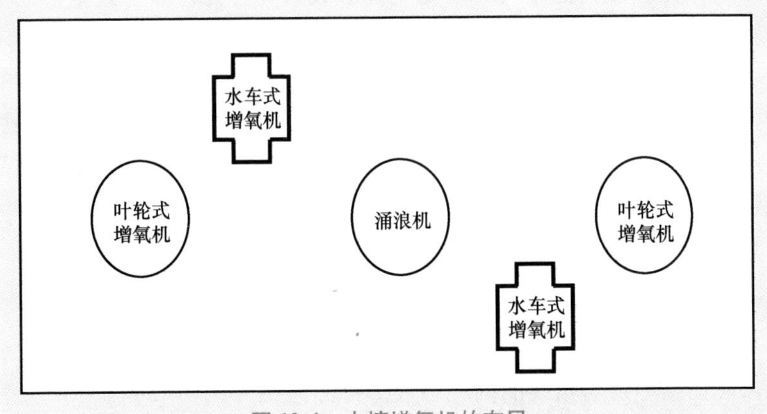

图 10-4　大塘增氧机的布局

这个布局通过两台叶轮式增氧机，使水体的上下水层交换更加充分，同时通过添加水车式增氧机使塘中水平方向上的水流流动范围更大，夜晚可以开启水车式增氧机实现增氧。

三、科学利用增氧机的方法

1. 合理确定增氧机开机和运转时间

不同情况下开启增氧机所起的作用是不同的，合理确定开机和运转时间，才能充分发挥增氧机的效能。

（1）阴天开机　阴天日照弱，浮游植物光合作用造氧较少，整个水体溶解氧条件差。所以，可以在溶氧度较低的凌晨时开机 1 次，时间可长可短，冬天除外。但是，阴天白天不宜开机。因为阴天白天时光照较弱，光合作用不强，池塘制氧量不高，一般情况下基本能维持鱼类的生存需要，如果白天开机，可能还会把上层的有氧水对流传至下层，上层的氧量又得不到及时补充，同时空气气压低，直接向水中增氧的能力较差，容易引起鱼类提前浮头，甚至泛塘。

（2）晴天中午短暂开机　晴天鱼塘池水上下层（冷热分层）温差较大，上下层水不能对流，下层溶解氧得不到及时补充。如果在晴天中午开增氧机，就能冲破水的热阻力，使上下层水得到交换，温差和氧差大大缩小，下层水溶解氧得到及时补充。

因此，高温期间的晴天中午，为打破冷热水层，一般可在中午开机，开机时间以 1 小时为宜。

（3）雷阵雨闷热天气开机　有雷阵雨的天气、低气压闷热天气或傍晚突然下雨时，应及时开动增氧机。因为低气压闷热天气会造成鱼塘水体溶氧量降低很多，大量温度较低的雨水进入鱼塘会使表层水温急剧下降，上层溶氧量较高的水传到下层，暂时使下层水溶氧量升高，但很快就被消耗，使整个鱼塘的溶氧量迅速降低，容易引起鱼浮头。

（4）连绵阴雨天开机　连绵阴雨天白天可以不开机，但应在晚上（半夜为好）开机。因为这种天气白天日照强度比阴天还要弱，浮游植物光合作用减弱，造氧极少，水中溶解氧补给少，造成水中溶氧量不足，一般半夜时池塘就开始缺氧，容易引起鱼浮头。因此，必须在半夜开机，以防泛塘。

（5）高温久晴天气开机　高温久晴无雨的天气要多开增氧机，最好在夜间 1:00~2:00 开增氧机，第二天早上太阳出来后停机。因为池塘水温高，由于大量投喂和鱼的大量排泄，造成水质过肥，透明度差，水中有机物多，上下层氧差大，下层“氧债”大。如果长期不加注新水，会造成水质败坏而引起鱼浮头。

（6）傍晚时分不开机　正常天气的傍晚，一般不宜开启增氧机。因为这时浮游植物的光合作用即将停止，不能向水中增氧，开机后虽然使上下层水中的溶解氧均匀分布，但上层水的溶解氧降低后却又得不到补充，而下层溶解氧又会很快被消耗，结果反而加速了整个鱼塘溶解氧消耗的速度。

（7）施肥后结合开机　大量施用有机肥料后，池塘溶解氧高峰值下降，晴天可采取中午开机和清晨开机相结合的方法，改善池塘的溶解氧状况。

在生产中，应根据池塘中鱼的密度、水质条件、生长季节、天气变化、活动状态以及增氧机负荷面积大小等具体情况灵活掌握，从而达到耗电少、增氧效果好、鱼类不浮头的目的。

2. 正确使用和保养增氧机

1）增氧机的启动电压在 312~390 伏范围内，采用三相四线电缆，电机接线螺帽下应加垫弹垫圈，防止震动脱线，以保安全。

2）增氧机连续运转时间不宜超过 12 小时，应经常注意有无异声和不正常的碰击或震动现象。注意观察浮筒浮力，以防漏水沉机。

3）每年冬季，全机应除锈和重新油漆保养 1 次。平时应注意清除叶轮和气孔上的苔藻杂物，以保证叶轮的设计参数不变。

第四节　掌握黄颡鱼养殖过程中投饲机的使用方法

一、投饲机的安装

鱼塘投饲机的安装是非常重要的一个技术环节，如果安装不科学，不仅影响投饲机的正常使用，甚至还会埋下安全隐患。所以，一定要严格按照技术要求进行科学安装。

在安装投饲机之前，首先要仔细阅读说明书，弄清楚投饲机的适用电压、接线方法和注意事项。

安装时，为了提高投饲机的投饲效果，投饲机一定要面向鱼塘的开阔面进行安装。这就要求安装投饲机的投料台，至少要伸向塘面 2~3 米远，而且高度最好控制在距离水面 30~50 厘米。投饲机应安装在投料台上伸向塘面的一端，安装的时候，一定要放置平稳，避免倾斜，而且出料口要面向水面（图 10-5）。投饲机的位置确定好以后，将其固定在投料台上。下一步就是接好电线。为了防止线路漏电发生意外，外露的接线处要用绝缘胶布包好，电线的一端牢固地与投饲机的控制器接在一起，另一端与电线控制盒接在一起。电线接好以后，可以接通电源，开机空试运转一下。如果主电机和振动电机工作正常，就表明投饲机可以使用了。

图 10-5　投饲机安装位置

二、投饲机的使用

要用好鱼塘投饲机，首先要确定好鱼塘中的鱼每天能吃多少饲料，然后再设置投饲机的控制旋钮。

1. 投饲量的确定

在使用投饲机之前，先要人工投喂一天，看看鱼的吃食量。要求在这一天人工投喂 3~4 次，每次连续投喂 1 小时左右，投喂的时候要少撒、慢撒，仔细观察，并且详细地记录鱼群每次的吃食情况。这样，投饲量就基本确定好了。在接下来 1 周左右的时间里，就可以按照记录下来的饲料量用投饲机进行投喂了，最好不要随意增减投饲量。这里要注意的是，因为鱼的吃食情况会随着季节、水温、鱼体规格的不同而发生变化，所以投饲量每周确定一次较为适宜。

2. 投饲机的操作方法

投饲机的操作方法很简单，把需要的颗粒饲料倒入料箱，接通电源之后，就可以在电器控制盒上进行操作了。对于鱼塘投饲机来说，电器控制盒（图 10-6）就像是一个小小的指挥中心，只要把它弄清楚了，就可以让投饲机好好地工作了。

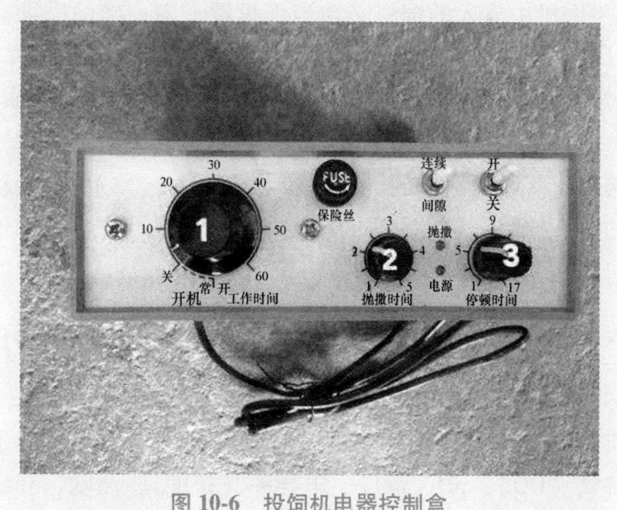

图 10-6　投饲机电器控制盒

旋钮 1 是用来设定投饲机的工作时间的。一般来说，投饲机一次工作的持续时间最长是 1 个小时，用户可以根据投喂时间的长短需要，把旋钮调到所需的时间位置。旋钮 2 是用来设定抛撒时间的，用户可根据黄颡鱼的进食情况进行设置。

旋钮 3 是用来设定投料的停顿时间的，有 1 秒、3 秒、5 秒、7 秒、9 秒、11 秒和 17 秒几个挡位。在使用过程中，根据鱼的进食情况把旋钮调到所需要的时间位置。然后还要进行落料量的调整。落料量大小由锁紧螺母和调整手柄控制。松开锁紧螺母，向前推动手柄，送料振动盒斜度小，在电机的振动中，下料就少；向后拉动手柄，并紧固螺母，下料就多。在日常使用过程中，养殖户还要注意对投饲机进行必要的维护和保养，以延长投饲机的使用寿命，更好地发挥它的投饲效果。

三、投饲机的日常维护

投饲机在日常的使用和维护上，需要特别注意以下几个问题。

1）每次开动投饲机之前，都要检查出料口是否堵塞。如果发现出料口被饲料堵塞，要及时清理，这样才能保证电机和甩料盘运转自如。

2）投饲机中放入的饲料必须当天投喂干净，确保投饲机中不留余料，以防饲料结块和老鼠咬断电线等问题的发生。

3）定期对鱼塘投饲机进行清理保养。每个月要清理 1 次下料口、接料口、送料振动盒。每 6 个月检修 1 次线路，要重点查看一下有没有线头松动脱落或者破损的电线。如果发现有电线的线头松动，就要把松动的线头拧紧；如果发现有破损的电线，就要把破损的地方用绝缘胶布包裹好。

第五节　养殖用水水质自动监测技术及其应用

水质监测是保证健康养殖的关键环节，其目的是监测养殖水体温度、溶解氧（DO）、pH、深度、电导率（盐度）、浊度、叶绿素、氨氮等对水产品生长有重大影响的水质参数，根据需要进行水质调节，为水产品提供最佳的生长环境。目前大多数的水产养殖业仍采用人工取样、化学分析的监测方式，耗时费力、精度不高、即时性差，并且需要专业人员进行操作。一些企业配备了便携式水质监测仪或水质在线监测仪，但存在技术和产品不过关、价格昂贵且维护成本高等问题。随着集约化、工厂化养殖模式的推广，目前水产养殖业迫切需要高精度、高稳定性和可靠性、低成本、适合水产养殖模式的水质监测设备和远程无线水质自动监测系统。

一、水质监测的盲区

随着国民经济的快速发展，城市的用水量和排水量不断增加，加剧了用水的紧张和水质的污染。水污染事件时有发生，严重破坏了水域环境，特别是严重污染饮用水源，因此对水源地水质情况进行实时监测就显得尤为重要。由于水质信息具有很强的时效性，过去传统的监测手段已无法满足对水质变化情况快速、准确的预报，因此只有借助科学的手段，实现水质监测的自动化、网络化，才能实时测报水质信息，满足水资源保护的要求。

二、解决养殖用水水质的方法

通过实施水质自动监控，可以实现水质的连续监测和远程控制，达到及时掌握主要流域重点断面水体的水质状况、预警预报重大流域性水质污染事故，在发生重大水污染事故时能及时掌控水源水质状况，起到防范、解决突发水污染事故的目的，同时也为水资源的综合利用及环境科学研究提供了基础数据和资料。

三、水质自动监测控制系统

1. 系统架构

水质自动监测控制系统是一套含水质自动分析仪及水样预处理、数据采集、站点控制、远程监控、数据发布于一体的在线全自动监控系统。它将现代传感器技术、自动测量技术、自动控制技术、现代通信技术有机地结合为一体，利用通信网络，实时地将现场各系统的测量结果、运行状况、系统日志等信息自动传送到中心站，并接受中心站所发来的各种指令，实时对整个系统进行远程设置、远程清洗、远程监测及控制。水质自动监测控制系统由一个中心监测站和若干个固定监测子站组成，中心站与各基站之间通过无线终端模块利用 GPRS 或者卫星进行实时通讯，完成中心站对各基站的实时监测、远程控制及数据传输的功能。中心站是整个系统实现管理、控制、分析、远程维护等的指挥中心。中心站管理系统是水质自动监测控制系统的上层管理软件，它实现实时、快速、准确地与远程基站进行通讯，保证系统正常运行并对监测数据进行存储、分析、处理，为环境管理服务。中心站系统还提供了 WEB 数据发布平台，用户可方便地对数据进行查询、分析，生成各种报表及曲线图。同时系统还具有对外输出端口，可为第三方运营商提供技术支持。

监测基站是整个系统基础数据的采集地，它以基站管理系统作为整个基站管理的核心，以现场 PC 为控制中枢，配以相应的控制单元，来实现水质信息的实时监测及与中心站的数据通信。为保证系统的稳定运行和状态反馈，在各单元管路的关键部位都加装了压力传感器、液位开关，组成了一个带反馈信息的控制系统。基站管理系统或中心站根据现场实际情况，向控制单元发出相应的控制指令。同时授权用户还可以在基站管理系统上根据实际情况对基站的各种参数进行设置，如对仪器监测频次、气洗滤芯频次、气洗管路频次、水洗管路频次、除藻频次、故障报警号码、故障报警类型选择等参数的设置。

2. 监测指标

（1）溶解氧（DO） 氧是水产生物的生命元素。长期缺氧，水产动物生长减慢；严重缺氧，鱼虾会浮头，而且水中的硫化氢、氨气、二氧化氮等得不到氧化分解，毒性增大。保持足够溶解氧可分解转化有毒物质。水中溶解氧最低应保持在 3mg/L，一般应保持在 5~8mg/L。溶解氧过高会导致鱼类患气泡病。

（2）pH 淡水养殖 pH 为 6.5~9.0。pH 超过 8.5，水中氨的毒性增大，硫化氢毒性减小；pH 超过 9.5，大多数水产动物不能存活；pH 低于 6，水中的氨无毒性，但硫化氢毒性增大。鱼虾在 pH 低于 6.5 时易缺氧浮头。pH 低于 5 时，对水产动物有严重危害。

（3）氨氮 非离子氨是水产动物的头号隐形杀手。养殖生产中应将氨氮的浓度控制在 0.15 毫克/升以下，高于 0.2 毫克/升会引起死亡。pH 影响氨的毒性，pH 低于 7 时氨几乎无毒，高于 8.5 时毒性剧增。

（4）亚硝酸盐 亚硝酸盐是水产动物致病的根源。养殖水质中的亚硝酸盐氮应控制在 0.2 毫克/升以下，在 0.5 毫克/升时会引起水产动物死亡或患病，高于 0.8 毫克/升会引起水产动物大批死亡。

（5）硫化氢 养殖水质中硫化氢应控制在 0.1 毫克/升以下，0.5 毫克/升时会引起水产动物死亡或患病，高于 0.8 毫克/升会引起水产动物大批死亡。

（6）溶解有机物 溶解有机气体压力高会导致鱼类患致命的气泡病，即所谓栓塞。

（7）温度 水温也是渔业水质的控制指标。氯素等会引起水温变化。

四、水质自动监测技术对水环境保护的作用

1. 有利于水质监测效率提高

利用水质自动监测技术可以减少人工耗费，传统的水质监测采用人工现场取样带回实验室对水质进行监测，延长了监测的时间，同时还有很多人工成本。传统水质监测无法做到实时监测，监测较为复杂；利用自动监测技术可以对池塘中水环境进行实时监测，提供准确的数据进行分析，便于管理池塘中的水环境发展。

2. 有利于提升水的质量

水质自动监测技术不仅有利于保护生态环境，还有利于提升水的质量。监测系统通过对水环境的水位状况、杂质污染状况以及水中各种矿物质含量状况的数据分析来得出池塘中水环境的情况，并反映到信息系统当中，工作人员对池塘中水质进行系统管理，同时还可以保证水质安全性，确保良好的水质环境。

3. 有利于降低水环境的管理成本

水质自动监测技术对水环境的监测，可以降低相应的管理成本。管理成本主要表现在对人工管理成本的减少，利用远程监控对水环境进行实时监控，省去了人工实验的过程，为水环境提供了更好的治理服务。在实际应用当中采用监测点的方法，对水质的自动监测已经取得了良好的效果，有效地提高了监测的质量。

4. 预警预报重大水质污染事故

水质自动监测技术的实时连续监测特点，在突发水污染事故预防和应急监测方面具有明显的优势。通过自动监测系统的预警预报功能，可以在数据发生异常以后，分析监测数据变化趋势、判断污染发展程度，提前对水质污染采取有效措施，对防止污染态势扩大、减轻危害有重要意义。

第十一章
做好黄颡鱼的上市营销　向营销要效益

第一节　黄颡鱼上市营销的误区

一、销售信息不对称

在黄颡鱼生产者中还存在着大量的小企业和个体户，由于资金、技术和视野的局限，他们的生产决策信息主要来源于生产习惯、历史水产品市场价格和同类竞争者的生产决策，缺乏对水产品市场的供求信息和市场价格变化趋势的科学判断，从而造成水产品的供应和市场需求信息不对称，无法形成对水产品市场的前瞻性、准确性、权威性的预测和判断，导致水产品产、供、销和市场需求经常脱节，无法合理满足市场需求，在很大程度上造成了生产风险，影响经济效益。

二、品牌意识不强

目前我国大多黄颡鱼生产单位没有意识到品牌的重要性，品牌意识还很欠缺，在产品质量、营销渠道、促销手段等方面还存在着短视行为，盲目追求企业短期效益，在产品品牌建设上缺乏资金、人力和物力的投入，这已经成为制约黄颡鱼市场发展的一个突出问题。

三、缺乏服务意识

企业必须要有强烈的服务意识，贴心的服务在无形中树立了企业的品牌形象，消费者在下次消费时就会潜意识地倾向于此企业。然而遗憾的是，部分企业的服务意识较差，缺乏诚信，销售的水产品缺斤短两、以次充好、价格欺诈，严重损害了消费者的健康及利益。现在很多黄颡鱼苗种场在卖苗时故意减少鱼苗数量；有些企业打着全雄黄颡鱼的旗号，却卖的普通苗，欺骗养殖户。这些不法行为同时也毁掉了企业发展的灵魂。

第二节　黄颡鱼商品鱼捕捞上市的主要途径

一、干塘捕捞

干塘捕捞方法较为简单，只需将养殖池中的水排干即可。在排干池水时，如果是采用涵管排水，应注意检查涵管的防逃设施，防止因为拦鱼栅破损而发生逃鱼；如果是采用泵抽水进行排水，则最好用网片将泵进水口做包裹，以防止黄颡鱼进入泵中。饲养池中的水剩下0.1~0.2米后，即可下塘捕捞黄颡鱼。捕捉时，不要用手，要用抄网捕捞（图11-1），以防手被黄颡鱼的硬刺扎伤。饲养池中大部分的黄颡鱼被捕捞起来后，即可完全排干池水，捕起剩余的黄颡鱼。

图11-1　抄网捕捞

二、拉网捕捞

采用网目规格适宜的拉网，在饲养池来回拉2~3次，即可拉起池塘中80%以上的黄颡鱼。下面介绍一种利用底层鱼捕捞网具捕捞黄颡鱼的技术。

底层鱼捕捞网具是在池塘岸边中间位置架设网箱，以网箱为中心，利用连网拽行塘口一周，将捕捞鱼赶进网箱收获的一种专门捕捞底层鱼（如黄颡鱼、鳜鱼、鲫鱼等）的网具（图 11-2）。此网具具有方便、实用、制作成本低、节省劳动力、捕捞效果好等优点，一般 3~4 人即可操作，1 次拉网捕捞率可达 80%~95%。网箱使用聚乙烯网片制作。定制的网箱规格是 14 米×4 米×1.5 米，网目尺寸为 1.5 厘米，舌头网使用“8”字形铁链作为沉子，铁链由直径 3.5~6 毫米的铁条制成。连网使用网目为 1.5 厘米聚乙烯网片制作。制作 3 张规格为高 6 米、上纲 30 米、下纲 37.5 米的连网，上纲使用直径 6 厘米泡沫浮球做浮子，下纲使用“8”字形铁链作为沉子，铁链由直径 8~10 毫米的铁条制成。连网两端设置套袋，以便可以插入竹竿或钢管，与网箱连接、固定，也可以将几片网连接使用。具体的捕捞方法如下。

图 11-2　拉网捕捞

（1）布置网箱　网箱架设前，先清除水中的障碍物，如食场竹木桩等。选择塘口岸边中间位置架设网箱，网箱尽量靠近岸边。在网箱四周竖上木桩，将网具固定后，再将舌头网向前平铺在池底。在网箱与塘口岸边之间设置拦网端，拦住网箱与岸边之间的缝隙。将拦网设置在网箱开口，防止捕捞鱼从网箱与塘边的缝隙中逃离。

（2）连网安装　在连网一端的套袋中插入竹竿，并与网箱开口侧、远离岸边的角连接固定，再将连网沿网箱背口一面布置至池塘边。根据塘口长度调整连网的长度。

（3）拉网　拉网时，只需 2~4 人在岸上拖拽上纲，缓慢地沿塘口一周，将鱼赶到靠近网箱的水域，并逐渐缩小包围圈。当上纲拉至网箱附近时，1 人下水踩住下纲开始收网。收网时，一定要先收下纲，再收上纲，速度要慢，渐渐将鱼赶至网箱。最后收起舌头网，将鱼封在网箱中收获。

使用黄颡鱼专用捕捞网具，1500～2500 千克的捕捞量只需 4～5 人即可操作完成。如果要清塘捕捞销售，拉网 2～3 次即可捕捞池塘 95%以上的鱼，且对鱼的伤害较小，捕捞的鱼活性强、运输成活率高。

三、迷魂阵——花篮联合捕捞法

为达到捕捞对象的专一性，让鲢鱼、鳙鱼、草鱼、翘嘴鲌等上层鱼类自由进出，黄颡鱼迷魂阵取消了回笼，采用花篮集鱼，花篮放置在每个迷魂阵回格进口处的水底，花篮进口对准迷魂阵回格网口。每个阵块的总出口门网上开一个 40 厘米左右的方形窗口，窗口距水面约 20 厘米。花篮是由竹篾制成，呈圆柱形，直径 35～45 厘米、长 45～55 厘米，两端设有倒刺回栏，倒刺回栏口直径 7～8 厘米。如果想同时收集黄颡鱼和鲤鱼、鲫鱼等，倒刺回栏口直径可更大些。起鱼时只要将花篮捞出即可，操作很方便。由于黄颡鱼为底层鱼，喜欢生活于水草丰富的近岸区域，因此，黄颡鱼迷魂阵尽量设置在水草较多的近岸处。

四、地笼捕捞

地笼是一种传统的捕捞工具。用于捕捞黄颡鱼的地笼与普通地笼结构基本相同，但黄颡鱼地笼是用白色透明的单股聚乙烯网片制作而成，网体周长和纵长都小于普通地笼。黄颡鱼地笼可四季作业，天气、地形、深浅、水草、水流等对捕捞效果没有特别影响。

由于黄颡鱼属于近岸浅水区底栖鱼类，每当夜色降临时，黄颡鱼纷纷游向岸边进行觅食活动，特别是繁殖季节，黄颡鱼大量集聚于水草丰富的岸边浅水区，追尾、交配、产卵。因此，捕捞黄颡鱼要在傍晚时分下网，地笼要放置在岸边，并与堤岸呈垂直角度，不设诱饵。地笼捕捞黄颡鱼，网具小、设备简单、操作方便，是大水体捕捞黄颡鱼的重要方法之一。

五、池塘混养黄颡鱼的捕捞

在成鱼池中混养黄颡鱼，黄颡鱼的捕捞方法多种多样，可以依据主养鱼的出池规格要求和饲养周期等具体情况，选择灵活的捕捞方法。捕捞混养的黄颡鱼时，既可以同主养鱼一起用拉网或干池起捕，也可以同主养鱼一样进行轮捕轮放，捕大留小。在亲鱼池中混养黄颡鱼时，捕捞黄颡鱼的时间，可以选择在亲鱼催产拉网时一并进行。值得注意的是，在黄颡鱼出箱时，应尽量减少伤亡。如果起捕小批量的黄颡鱼上市，则可将黄颡鱼捕起后，用小网箱暂养。这样操作方便、省力、省时，而且鱼体的损伤较小。

第三节　黄颡鱼商品鱼运输的主要方法

黄颡鱼的商品销售采用鲜活运销，活体黄颡鱼上市，既可提高价位又深受欢迎，可谓一举两得。黄颡鱼成鱼活体运输多采取活鱼运输车（船）运输、帆布箱（桶）运输，也可以采用干法运输和活体麻醉运输。

一、活鱼运输车（船）运输

活鱼运输车一般配备有水箱、氧气瓶或气泵等增氧设备（图 11-3），以及水泵和动力系统。装鱼密度为 1 千克水装 1 千克鱼，可运输 4~8 小时。

图 11-3　活鱼运输车

在水运方便、水质良好的地区，用活鱼运输船运输黄颡鱼是最理想的方法，长短途均适用，运输量大、成活率高、成本低。活鱼运输船就是在船舱前部和左右两侧开孔，孔上装有绢纱，船在河中前进时河水从前孔流入舱内，再从侧孔排出，使舱中水始终保持新鲜、氧气充足。活鱼船运输装运时，应在船边放 1 只网箱，将黄颡鱼陆续放入网箱里，等全部黄颡鱼到齐再一并捞入船舱里，并立即开船；到达目的地后即用网箱卸出，然后再转运出售。

二、帆布箱（桶）运输

帆布箱（桶）运输成鱼的方法见第四章相关内容。

三、活体麻醉运输

活体麻醉运输是利用药物或物理方法将黄颡鱼麻醉呈昏迷状态进行运输的方法。此状态下黄颡鱼不能游泳和跳跃，呼吸频率减慢，新陈代谢降低，机体耗气减少，可进行高密度长途运输。选择药物麻醉运输时，所选药物的原则是对黄颡鱼麻醉高效，对人无害；鱼体易缓解苏醒；药物价格低廉，并且容易买到；使用方便，易溶于水，并且在低温下有效。以前国内已使用在活鱼运输上的麻醉剂有 MS-222、巴比妥钠、苯巴比妥钠、水合氯醛、乙醚等，其中 MS-222 是当前在水产动物中最安全、最可靠和最有效的麻醉药物（图 11-4）。药物麻醉最方便、最常用的方法是以药物溶液来浸泡，使药物经鳃部吸收进入血液，达到麻醉或镇静的目的。药物在具体使用时，一定要根据当地的实际情况先做好试验再使用。

物理麻醉采用较多的是低温麻醉。低温麻醉指将鱼体温度降低 10~25℃，或直接将鱼体温度降到 0℃左右（冰水混合物），可 1 次逐步降温或多次降温。一般通过加冰和制冷水进行降温，每小时降温速度不能超过 4℃。低温能够增加水体的携氧能力，减少鱼的活动，使鱼的神经系统受到抑制，降低溶解氧消耗，增加麻醉时间。但是低温麻醉时，如果降温太多、太快，会导致鱼体死亡。低温麻醉对原池水温度在 10℃以上的鱼是有效的，如果鱼原来的池水温度低于 10℃，则没有麻醉效果。如果鱼原来的池水温度低于 10℃，为了使鱼进入深度麻醉还需要进行药物麻醉。

图 11-4　MS-222

第四节　把握黄颡鱼的市场信息

黄颡鱼具有营养价值高、味道鲜美、无肌间细刺、含肉率高和可做滋补药用等特点，深受广大消费者青睐。黄颡鱼生长速度较慢，属于中、小型鱼类，1~2 龄鱼生长较快，以后生长缓慢，5 龄鱼仅可长到 18 厘米。在人工养殖条件下，第一年培育成苗种，第二年可以上市。大部分地区，黄颡鱼规格越大越受市场欢迎，价格也越高；而在四川，人们比较喜欢吃火锅，规格不需要太大，25 克即可上市；出口韩国和日本的黄颡鱼一般规格为 40~125 克。

虽然因黄颡鱼不同主养地区的养殖模式、方法、气候、消费方式等不同，会影响各地黄颡鱼的上市时间、规格、价格等，但是黄颡鱼的销售灵活，不同规格价格不一样，各种规格都可以上市销售，也不受季节与气温的影响，养殖户可以根据市场价格灵活调整出塘时间。

一、不同产区黄颡鱼的价格规律

黄颡鱼这个品种在市场上的销售价格非常稳定，正常的市场批发价都是 20~30 元/千克，而且黄颡鱼在各地都有销售量，是一种很受老百姓喜欢的淡水鱼品种，一般上半年价格比较高，到了 5~6 月的时候随着温度的上升黄颡鱼上市量增加，市场价格会出现下滑，不过一般幅度不大，到了下半年新鱼陆续上市的时候，鱼价较低，鱼价较上半年会有明显下滑。塘口价方面，广东、浙江、湖北三地的差距并不大，从全年的情况来看，黄颡鱼塘口价格之间的差距基本在 2 元钱以内，而且最高价最低价变换也是常有的事情。比如 5～6 月浙江鱼价最高，湖北次之，广东最低；到了 7～8 月的时候湖北鱼价最高，广东次之，浙江最低；9～10 月的时候广东鱼价最高，湖北次之，浙江最低；11～12 月湖北鱼价最高，广东次之，浙江最低。

二、不同产区黄颡鱼的上市时间

目前，全国黄颡鱼以广东、浙江、湖北为三大主产区，广东 100 克以上黄颡鱼主要是销往长江三角洲等地，100 克以下主要销往四川用以煮火锅，与浙江产区形成了激烈的竞争，两地集中出鱼必然导致黄颡鱼价格的波动。广东地区，黄颡鱼一般在 5～8 月投苗，养殖 10～12 个月，大部分鱼可达到每尾 40～100 克上市规格。近年来，出于广东黄颡鱼养殖模式及长途运输的原因，使得广东与浙江黄颡鱼出鱼时间某种程度上形成默契，浙江出鱼时间逐渐稳定在 5～8 月，9 月后出鱼减少，11 月～第二年 5 月主要为广东黄颡鱼出鱼高峰期，两地出色的时间契合支撑了黄颡鱼价格的稳定。

现在广东地区上市的黄颡鱼，其中一半由广东本地消化，另外一半主要运往湖北、湖南、上海、北京、四川、江苏等地，这主要得益于近几年来的物流系统的建设。比如在顺德新建了很多黄颡鱼物流场，外销的道路也随之打开。随着外省、直辖市消费者对黄颡鱼需求的增加，加上顺德交通发达，养殖集中，当地自然而然地形成了特有的中转基地，由专门的打包车运往全国各地。

第十二章
黄颡鱼养殖典型实例

实例一　射阳康余水产科技有限公司池塘主养高产模式

一、基本信息

射阳康余水产技术有限公司（图 12-1）是一家民营科技企业，成立于 2002 年，注册资本 500 万元，拥有 800 亩精养殖水面，现主要从事特种淡水鱼苗繁殖和养殖，是江苏省省级黄颡鱼良种繁殖场（图 12-2）。

图 12-1　射阳康余水产技术有限公司养殖水面

图 12-2　黄颡鱼养殖标准化池塘

二、养殖模式

一般在投放苗种前15~20天，用生石灰（75~100千克，667亩）进行全池泼洒消毒，杀灭池中野杂鱼类和病原生物，有条件应曝晒数天，然后放水施基肥，每667亩施放有机肥料150~200千克，培肥水质，待池塘水体中出现大量的浮游生物后，再投放苗种。一般选择在春季放养苗种，选择晴天放养，放养苗种前，应用3%~5%食盐水浸洗10~15分钟。选用黄颡鱼专用配合颗粒饲料，蛋白质含量要求在38%~42%，根据苗种规格大小选择适宜的颗粒直径。

该模式放养及收获情况详见表12-1。

表12-1　黄颡鱼池塘主养高产模式放养及收获情况

养殖品种	放养			收获		
	时间	规格	每亩放养量/尾	时间	规格/（克/尾）	每亩产量/千克
黄颡鱼	2019年4月20日	80尾/千克	15000	2019年9月下旬	50~175	1250
鲢鱼		250克/尾	100		2500	190
鳙鱼		500克/尾	20		3000	58

三、养殖效益分析

每亩费用支出：塘租700元+苗种费2550元+饲料费13975元+防疫费500元+人工费800元+水电费1000元=19525元。

每亩收入：黄颡鱼29500元（1250千克×23.6元/千克）+鲢鱼760元（190千克×4元/千克）+鳙鱼696元（58千克×12元/千克）=30956元。

每亩利润：每亩收入-每亩费用支出=30956元-19525元=11431元。

四、养殖经验与心得

1. 养殖技术要点

1）池塘清塘一定要彻底，苗种放养前10~15天对养殖鱼塘进行彻底消毒。池塘水深保持40~50厘米，每亩用生石灰200千克或漂白粉20千克，化水后立刻全池泼洒，以杀灭野杂鱼及有害微生物。

池塘消毒后 3～5 天即可进水，进水口用 80 目筛绢网过滤，加水至 1.0 米左右。培肥水质后，试水投放黄颡鱼苗种。

2）苗种应选择质量好、规格大（每 500 克 40～60 尾），且规格整齐的苗种，养殖成活率可达 85%～90%。

3）选用高档高质量的黄颡鱼专用膨化配合饲料，可缩短养殖周期。饲料投喂做到定时、定点、定质、定量，坚持吃饱但不浪费的原则，每天投喂 2 次，投喂时间分别为 6:00 和 19:00，上午投喂当天总量的 40%，晚上投喂当天总量的 60%。黄颡鱼苗种体重在 200 尾/千克以下时，日投饲量为体重的 6%～10%，规格 50 克/尾以上时，日投饲量为体重的 2%～3%。

4）投喂黄颡鱼膨化配合饲料之前，必须先对黄颡鱼苗种进行驯食，粉料投喂时间稍微长一点，驯化效果会好一点，苗种成活率会高一点，也很少出现僵苗，将来商品黄颡鱼的规格也会较整齐。

5）因养殖产量较高，增氧机要配备充足，同时也应自配发电机组，以供停电应急所用，1 公顷塘配置 3 台功率 3 千瓦的叶轮式增氧机，保证溶解氧充足。

6）合理套养经济鱼类，调节水质，增加收入，但应严格控制鲫鱼、鲤鱼等杂食性鱼的放养量。

7）做好水质管理工作，黄颡鱼属底层鱼，喜高溶解氧、清新的水质，因此养殖中要经常用底质改良剂调节水质，并做到早中晚各巡塘 1 次。

2. 养殖特点

1）养殖密度高，对溶解氧和水质要求非常高，养殖途中应加强水质管理，用水质测试盒定期测量池塘水体氨氮、亚硝酸盐的含量。

2）黄颡鱼生长速度快，养殖投入高、周期短、盈利能力较强。目前射阳地区黄颡鱼市场价格较高，杂交黄颡鱼规格 0.05 千克/尾以上，价格 25 元/千克，养殖风险不大。

3）鱼病应坚持“以防为主，防治结合”的原则。危害黄颡鱼养殖的主要病害为车轮虫病、出血病、水霉病、裂头病，养殖防疫做到位，成活率就高。投料高峰期应加强保肝护肝药的投喂。

3. 上市与营销

黄颡鱼达到上市规格，经筛选大小后，由合作社统一安排在水产批发市场销售或联系鱼贩到塘口收购。

实例二　网箱养殖黄颡鱼实例

一、基本信息

浙江省淳安县千岛湖养殖户吴某，拥有小体积网箱 120 只（图 12-3）。2014—2019 年一直养殖黄颡鱼 40 亩，取得了良好经济效益。

图 12-3　浙江省淳安县千岛湖黄颡鱼苗种培育网箱

二、养殖模式

1. 网箱设置

网箱采用聚乙烯线编织而成，规格为 6 米×6 米×1.5 米，敞口型网箱，网目尺寸为 1.5 厘米，设置方式为框架浮动式。网箱设置应选择水质条件良好、水深 4 米以上具有微流、避风、向阳、水面宽阔的库湾，试验网箱一共 10 只，呈“一”字形排列，网箱在苗种进箱前 1 周下水，使网箱着生藻类，以减轻苗种入箱后的损伤。

2. 苗种放养

黄颡鱼苗种放养规格为 10 厘米/尾左右，放养密度为 350 尾/

米^2，放养苗种的规格整齐、体质健壮、无病无伤。3 月下旬放养，放养时间在 6:00~8:00。苗种放养时用 3%的食盐水浸泡 10 分钟。

3. 饲料及其投喂

主要投喂人工配合饲料。配合饲料中蛋白质含量为 38%~42%，投喂时加水制成软颗粒饲料投喂。苗种进箱后，停止投饲 3~4 天，既便于鱼类适应网箱环境，又使黄颡鱼处于饥饿状态便于驯食。4 天后，将制成的软颗粒饲料投放到食台上诱鱼摄食，每天投喂 3 次，每次投喂量不宜太多，使黄颡鱼处于半饥饿状态。一般 10 天后就可以养成黄颡鱼上食台摄食的习惯，驯化成功后，就进入正常饲养阶段。每天上下午各投喂 1 次，日投饲量一般为箱内鱼体重的 3%~5%。投喂应坚持"四定"原则，即定时、定位、定质、定量的原则。黄颡鱼有夜间觅食的习性，故下午投喂量应适当多些，投喂时间应尽量晚些，最好在傍晚。

4. 网箱管理

网箱必须有专人管理，坚持每天早、中、晚 3 次巡箱，检查、观察鱼情、水情，发现问题，及时处理。每 10 天左右要清洗网箱 1 次，特别是洪水过后要立即清洗，除去杂物与附着过多的藻类，保持网箱内外水体交换畅通。同时做好防偷、防盗、防破坏工作。在网箱养殖黄颡鱼的过程中，只要加强管理、注意防病，一般很少发生鱼病。网箱下水前用生石灰或漂白粉溶液浸泡处理，并提前 7~10 天下水，让藻类附生，以免苗种进箱后损伤体表皮肤。苗种进箱时先行消毒，用 3%~5%的食盐水浸泡 15~20 分钟。平时有死伤鱼要随见随捞，防止污染和交叉感染。每隔 15~20 天，每箱用生石灰 25 千克化水泼洒箱体及近旁水域，每天 1 次，连续 3 天。每天必须清除残饵、洗刷食台并晾晒，食台周围要定期用生石灰水泼洒消毒，以增加鱼体的摄食和减少鱼病的发生。饲养期间发生车轮虫病、口丝虫病和舌杯虫病时，每升水用高锰酸钾 2 毫克或硫酸铜 75 毫克配成溶液后泼洒；若发生细菌性肠炎，可用大蒜素药饵投喂，连续 1 周即可治愈；若发生腐皮病，可用氟苯尼考拌饵投喂，连续 7 天即可治愈。

三、养殖效益分析

商品鱼于11月下旬捕捞出售，10只网箱共产黄颡鱼34488千克，每平方米产鱼95.8千克，成活率为89%。总投入558500元，总产值为931176元，纯收入为372676元。投入产出比为1∶1.67。

四、养殖经验与心得

1）黄颡鱼对常用水产药物忍受能力不及“四大家鱼”，所以对黄颡鱼用药一定要严格控制用量，防止黄颡鱼因中毒而死亡。黄颡鱼对硫酸铜、敌百虫等药物比较敏感，尤其要慎用。

2）要控制放养密度。规格较大时，应适当减少放养密度。黄颡鱼的背和胸各有大硬刺，放养密度过大，容易造成生存压力，摄食时过度拥挤会造成应激，硬刺撑开容易刺伤对方。同时，黄颡鱼养殖过程中容易发生红头病（又称“一点红”），放养密度过大会产生交叉感染。

3）苗种在放养、捕捞、计数、运输时的操作要轻，避免碰伤鱼体。

实例三　黄颡鱼花鲳高产混养新模式

一、基本信息

生产单位名称：浙江省长兴县长菱水产专业合作社，拥有标准鱼池43.33公顷；地址：长兴县吴山乡南涂村；负责人为陈国良；责任渔业技术员为周桂宝，负责日常渔业技术指导。

二、养殖模式

1. 放养前准备

放养前将池塘干塘清整、暴晒10天，并每亩用100千克生石灰化浆后全池泼洒，彻底杀灭潜在的病原体和敌害生物等。待3天药效消失后，注水至60~80厘米，进水口处设置60目筛绢过滤。注水3天后，每亩施发酵机肥70千克进行肥水，以培养浮游生物。

2. 苗种放养

1月中旬，每亩放养苗种规格为100尾/千克的黄颡鱼鱼苗10000

尾。3月中旬，搭配放养苗种规格为40尾/千克的花鲭550尾。放养苗种要求规格整齐、活力好、无病无伤。放养时需用2%~3%的食盐水浸泡5~10分钟，或用15~20毫克/升的高锰酸钾溶液浸泡15分钟左右，或用1%的聚维酮碘浸泡10~15分钟，以防原生动物寄生虫为害。

3. 饲养管理

黄颡鱼是以肉食性为主的杂食性鱼类，觅食活动一般在夜间进行。天然水域的黄颡鱼食物主要是小虾、鱼及鱼卵和部分水生昆虫、水生植物等。进行人工养殖可采用黄颡鱼专用配合饲料，蛋白含量35%以上，粗脂肪含量5%~8%。每天投饲量占鱼体重的2%~7%，8:00~9:00、15:00~16:00各投喂1次。上午投喂量占全天投喂量的1/3，下午投喂量占2/3。套养的花鲭不需要专门投喂饲料，摄食黄颡鱼剩余的饲料即可。

4. 水质管理

养殖期间要求水质清新、溶氧丰富，保持整个养殖周期池水"肥、活、嫩、爽"。因此，在整个养殖过程中，水质不宜过肥，特别是夏秋季由于投喂大量饲料，极易引起水质恶化，一定要坚持定期换水、注入新水。

5. 病害防治

病害防治应坚持"以防为主，防治结合"的方针。除放养前要彻底做好清塘消毒外，在饲养过程中还要坚持对食台、池塘水体、工具等进行药物消毒。一般每15~20天用二氧化氯0.5~1.0克/米^{3}或溴氯海因0.2~0.6克/米^{3}泼洒消毒1次。此外，每月用恩诺沙星添加在饲料中投喂1次，连用3天，可有效防止细菌性鱼病发生。

三、养殖效益分析

2018年主养黄颡鱼20余公顷，平均每亩产鱼1426千克，每亩产值32102元。1月，每亩放养尾重10克的黄颡鱼10000尾；3月，搭配放养规格为尾重近25克的花鲭550尾，不搭配放养鲢、鳙等。

2011年全场总投资1044万元，折合每亩投入16067元，其中苗种4500元、颗粒饲料10703元、药品及电费等其他成本254元、池塘租金630元。2011年11月起陆续清塘，每亩产黄颡鱼1280千克，

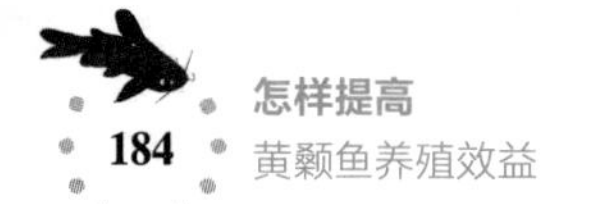

售价22元/千克；花鲳146千克，售价27元/千克。平均每亩收益16015元，突破1.6万元大关。

四、养殖经验与心得

1）改变传统立体混养理念及模式，不搭养鲢、鳙等低价值品种，其好处在于使水体空间充分被黄颡鱼、花鲳等高价值水产品利用，提高单位水体的效能；使高蛋白质、高价格的饲料全部用于养殖高价值的水产品，减低饲料效能浪费；捕捞方便，减少捕捞成本。

2）轮捕轮放。基地配备部分黄颡鱼、花鲳苗种塘，在成鱼捕出后，即将苗种放入，四季均可捕捞及放养，有利于提高单产及售价，获取最佳经济效益。

3）养殖管理的关键是管好水质，防治病虫害的发生。干池捕捞完成后，严格实施生石灰消毒措施。每亩用生石灰100~125千克。暴晒1周，半个月后放养；养殖过程中，定期使用“调水第一”“腐殖酸奶粉”“双效粒粒底改素”、EM菌等水质改良产品调节水质，确保养殖水质保持在优良状态；放养前苗种用“消毒净”、硫酸铜和硫酸亚铁合剂等消毒。密切观察鱼类活动情况，及时预防病虫害；加强水源水质监测，确保水源安全。搭建环状网型食台，防止食物流失。使用大品牌浮性颗粒饲料，确保饲料安全、高效。

实例四　黄颡鱼、翘嘴鲌等多品种高产高效立体混养模式

一、基本信息

江苏坤泰农业发展有限公司在标准鱼塘的基础上开展黄颡鱼、兴凯湖翘嘴鲌等多品种高产高效立体混养模式，经济效益显著。

二、养殖模式

1. 养殖前准备

安装配备足够的增氧设备，采用面增氧和底增氧配套，确保池塘溶解氧充足，放养前10~15天做好清塘消毒工作。

2. 苗种放养

在春节前后集中放养，每亩放养黄颡鱼2000尾、兴凯湖翘嘴鲌2500尾、花䱻250尾、鳙鱼40尾、鲢鱼20尾、青鱼15尾、草鱼8尾、鳊鱼60尾、太阳鱼15尾和鲫鱼50尾。放养时间尽量控制在15天以内。黄颡鱼苗种为自身苗种场生产，无须长途运输（黄颡鱼在温度低时不能长途运输），放养时做好消毒工作。

3. 饲养管理

饲料采用专一海水鱼膨化料，每天投喂2次，一般为鱼体重的2%~6%。具体投饲量根据天气、水温、水质和摄食情况酌情增减。混养塘膨化料的饵料系数一般为1.2~1.3，高产塘在很大程度上饲料系数决定着经济效益。

4. 水质管理

池塘需经常换水，池水透明度保持在25~30厘米。3~4月，每10~15天换水1次，换水量为15~20厘米；5~8月，每隔7~10天换水1次，换水量为20~30厘米。9~10月，池塘存塘量处在高位期，也是水质管理最困难的时期，除提高换水频率外，还要经常使用水质改良药物，控制池塘氨氮、亚硝酸盐含量，此外还需要经常开动增氧机，保持池水足够的溶解氧。

三、养殖效益分析

2017年，总产量182吨，总产值257.8万元，总利润55.4万元。每亩总产量1817.4千克，其中包括兴凯湖翘嘴鲌1310千克、黄颡鱼190千克、花䱻48千克、鳙鱼98千克、鲢鱼52千克、鳊鱼52千克、草鱼18千克、青鱼26千克、鲫鱼21千克和太阳鱼2.4千克。每亩总产值25780元；每亩总成本20240元，其中包括塘租780元、饲料费16300元、水电费400元、药品费260元、人工费850元和其他费用570元；每亩利润为5540元。

四、养殖经验与心得

1. 池塘深

该模式要求池塘水深达到2.5米以上，面积3公顷左右为宜。水位深，是实施多品种分层次立体养殖的基础；水面大，微风起浪，池

塘溶氧量较高。

2. 规格小

放养规格小，既可大大节约放养成本，又不影响生长速度和产量，尤其主养品种的规格宜小不宜大，兴凯湖翘嘴鲌、花䱻、黄颡鱼放养规格分别为每千克 100 尾、80 尾、400 尾左右。每亩投入苗种成本控制在 1500 元左右。

3. 水质好

高产塘的水质管理十分关键。经常使用芽孢杆菌快速分解池塘中的排泄物，提高池塘透明度；亚硝酸盐过高时，应先底层排水或抽水 20~50 厘米，然后冲水维持水位，并及时使用生物制剂降解。

4. 品种多

多品种放养既能充分利用水体空间，同时也降低了单品种的市场风险。该种模式养殖品种一般都在 10 个以上，即使主养品种微利保本，搭养品种的效益也是十分可观的。

5. 产量高

近年来水产品市场一直处于饱和状态，养殖优势品种不明显，因此产量是关键。该模式每亩产量一般都能达到 1.5 吨以上，高的超过 1.75 吨，大大增强了市场竞争力。

实例五　溧阳某特种水产有限公司黄颡鱼苗种培育实例

一、基本信息

溧阳某特种水产有限公司（图 12-4），2018 年 6 月生产杂交黄颡鱼苗种 20 万尾，自己标粗分塘养殖成鱼，标粗效果很好。

二、养殖模式

该池塘面积 1200.6 米^2，初始水深 1 米，池塘水源全部为地下水。该塘配置了 1 台 3 千瓦叶轮增氧机，经过前期的清塘、肥水培育天然饵料后，6 月下旬放“黄优 1 号”黄颡鱼水花苗 20 万尾。放苗后第 3 天发现池塘内的天然饵料已经快被鱼苗吃完，第 4 天开始驯食粉料，可见大量鱼苗吃食凶猛（图 12-5）。第 6 天时发现池塘内的鱼苗开始有“浮头”迹象，遂大力开启增氧机增氧，每天中午前后开机增氧3小时，21:00开机至第二天7:00，连开数天，并持续加水提升水位，加水后使用调水产品调水稳水。培育后期，由于密度较大，为维护良好的水质，每天投料时采取适当控料的办法减少饲料投入，整个养殖期内未见病害发生。养殖至8月下旬，黄颡鱼每天可吃饲料30千克，苗种规格达到230尾/千克左右，2天后分塘，获得规格苗种16.7万尾，苗种培育成活率达到83.5%，鱼苗规格整齐、体质健壮。

图12-4　溧阳某特种水产有限公司黄颡鱼养殖示范塘

图12-5　黄颡鱼吃食情况

三、养殖经验与心得

1. 放养档口

杂交黄颡鱼苗种培育，提倡肥水下塘，成活率较高，整体上杂交黄颡鱼仔鱼期比全雄苗发育速度要快，仔鱼期较强壮，开口摄食较早。

2. 放养密度

全雄黄颡鱼苗种培育密度可以达到30万尾/亩左右，杂交黄颡鱼放养密度20万尾/亩较为适宜。

3. 病害防治

鱼苗放养后的5~7天需开始进行病虫害防治，重点防治车轮虫病、气泡病、腹水病等。

实例六　南京市水产科学研究所禄口基地池塘工业化养殖黄颡鱼

一、基本信息

南京市水产科学研究所位于南京市江宁区禄口街道南京市现代农业园内，占地面积400亩，拥有江苏省黄颡鱼研究开发中心、江苏省水域生态环境微生物修复技术研究中心等省级工程技术中心，建有水生动物疫病检验实验室900米^2、智能化设施繁育车间1200米^2、工厂化养殖车间3100米^2、池塘工业化养殖水槽750米^2（图12-6）。其中，池塘工业化养殖水槽6条，4条用于黄颡鱼养殖试验。

图12-6　池塘工业化养殖水槽

二、养殖模式

1. 清塘消毒

苗种放养前约1个月，进行清塘消毒，灌水至0.5米深，每亩用漂白粉13~15千克，化水后全池泼洒，杀灭鱼、虾、河蚌、螺和有害微生物。3天后加水至1.5米深，开启池塘工业化养殖系统推水装置，同时泼洒EM菌液等生物制剂，一周后即可放鱼。

2. 苗种放养

苗种为南京市科学研究所培育的“黄优1号”杂交黄颡鱼，6月下旬放养，放养时平均体重为27.8克。净化区配置的匙吻鲟于7月下旬放养，放养时平均体长16厘米；配置的三角帆蚌平均体长7.1厘米。

3. 日常管理

（1）设备调控 苗种在放养进入池塘或水槽前，用浓度3%~5%的盐水进行消毒，时间10分钟左右。苗种在进入水槽后，仔细观察充气增氧推水设备的运行情况，并根据入池鱼类应激情况控制气流量，防止苗种应激撞击拦网而造成损伤。有条件的可以设置防撞网，防撞网用棉纶材料做成，设置在推水机端。

（2）投饲管理 入槽第一天傍晚苗种即开始吃食，养殖全程投喂黄颡鱼专用浮性膨化料，粒径从0号料到3号料，饲料蛋白质含量从高到低，其中3号料粗蛋白质含量为40%。开始早、中、晚各投喂1次，投喂量占鱼体重的3%~5%，随着鱼体长大，白天吃食少，改成每天投喂2次，19:00左右1次，23:00左右1次。每次投喂以逐步添加的形式，投喂到很少有鱼到水面上来吃食为准。

（3）水质监测与调控 水质监测依靠槽中安装的水质在线监测系统，可随时监测水温、pH与溶解氧，并每天定时记录数据情况。平时经常清洗水中的探头，保证数据基本准确可靠。每月取水样检测水中的氨氮及亚硝酸盐等指标。养殖期间每10天用1次过硫酸氢钾复合盐及芽孢杆菌或超能菌全池泼洒改良水质。定期抽取集污槽内的鱼类排泄物，直到抽到出现正常养殖水色为止。因蒸发等因素出现水位下降时及时添加新水。

（4）防病管理　流水槽黄颡鱼养殖病害遵循“以防为主，防重于治”的原则，其中腐皮病较为常见，平均每个月交替用出血腐皮宁、原碘或硫酸铜预防1次，尤其是每年3月及9月最易发病，要重点做好预防工作。用药时采用化水后全池泼洒的方式。

（5）水质调控　水槽水位保持在1.5米左右，每月用碘制剂进行水体消毒1次。养殖期间水体透明度保持在30~40厘米。

（6）推水增氧　水槽内放养苗种后，推水增氧设备24小时开启。养殖前期，苗种规格小，开启1套保持较低流速即可，中后期随着槽内鱼类生长规格变大，增加开启鼓风机的数量，保持槽内水体流动和溶解氧充足。

（7）吸污　每天投喂后1~2小时开启集污区的吸排污设备，一般每次吸污时间10分钟，每天2~3次。

（8）巡塘　每天坚持巡塘，重点检查鱼体摄食、水质变化、缺氧浮头等情况，发现问题及时采取措施处理。有浮头预兆或天气闷热时，减少投饲量或不投喂，并及时交替开启增氧推水设备。

三、养殖效益分析

1. 养殖成本

以3号水槽为例，苗种费4.45万元，饲料费10.8万元，渔药（生物制剂类）1万元，电费2万元，其他分摊5万元，合计23.25万元。

2. 经济效益

总产值29.4万元，总成本23.25万元，总效益6.15万元，按水槽面积110米^{2}计算，流水槽养殖产量为105千克/米^2。

四、养殖经验与心得

1. 吸取经验

项目实施前，通过走出去、请进来的方法，吸取其他单位的成功经验，从设计方案、施工抓起，所建成流水槽的结构、推水、底增氧、集污、排污效果优良，通过导水坝引导，整个池塘大循环效果显著。整个养殖区除调节水质、消毒以及水产品的保健外，很少用药。

2. 把握好苗种的质量

苗种最好选择本场培育的苗种或者附近渔场的苗种，苗种必须保证无病、无伤、无寄生虫，否则，放养苗种的死亡率会很高。

3. 把握好苗种放养的时机

苗种放养必须在黄颡鱼开口吃食之后进行，越冬后的黄颡鱼苗种必须有一段吃料时间，以恢复体质。体质较弱时，放养过程中容易产生应激反应。若在黄颡鱼尚未开口吃料时放养，放养过程中难免被其他个体刺伤，如果放养之后黄颡鱼仍不能第一时间吃料恢复体质，一段时间后，可能造成放养的苗种大量死亡。

4. 流水槽养殖的黄颡鱼具有更大的优势

流水槽产出的黄颡鱼无泥土味、口感优。本试验发现槽内黄颡鱼体外三根刺明显钝化，不仅有利于鱼体间高密度生活，也有利于分池及捕捞操作。此外，流水槽产出的黄颡鱼在上市捕捞过程中产生的黏液明显减少，有利于增加运输成活率。

5. 养殖中出现的问题

养殖中出现的主要问题是养殖后期溶氧不足。养殖中挂养的河蚌生物量巨大，对水体中浮游生物需求量大，造成水体溶氧量偏低。本次养殖过程中所记录的最低溶氧值为2.5毫克/升，第二天凌晨溶氧量则更低，主要原因是当时水温高又遇到暴雨，槽内存鱼量大，净化区存鱼量也多，一方面净化区补入槽内的水体溶氧量低，另一方面流水槽配套的微孔增氧设备显得不足，因此，后期在水槽推水端前面8~10米处架设叶轮式增氧机，并把推水机多余气体接入推水机前端10米区域内进行增氧，最终控制进入水槽的流水溶氧达到4毫克/升以上。因此，在今后养殖中既要控制净化区的生物量，同时要增加流水槽内增氧设施，可考虑增加液氧装置，在养殖后期及高温季节及时开启。

附　　录

附录 A　禁用渔药清单

序号	药物名称	别名	引用依据
1	克仑特罗及其盐、酯及制剂		农业部第 193 号公告 农业部第 235 号公告
2	沙丁胺醇及其盐、酯及制剂		农业部第 176 号公告
3	西马特罗及其盐、酯及制剂		农业部第 193 号公告 农业部第 235 号公告
4	己烯雌酚及其盐、酯及制剂	己烯雌酚	农业部第 193 号公告 农业部第 235 号公告 农业部 31 号令 农业部第 176 号公告
5	玉米赤霉醇及制剂		农业部第 193 号公告
6	去甲雄三烯醇酮及制剂		农业部第 193 号公告
7	醋酸甲孕酮及制剂		农业部第 235 号公告
8	氯霉素及其盐、酯（包括：琥珀氯霉素 Chloramphenicol Succinate）及制剂		农业部第 193 号公告 农业部第 235 号公告 农业部 31 号令
9	氨苯砜及制剂		农业部第 193 号公告 农业部第 235 号公告
10	呋喃唑酮及制剂	痢特灵	农业部第 193 号公告 农业部 31 号令

（续）

序号	药物名称	别名	引用依据
11	呋喃它酮及制剂		农业部第193号公告 农业部第235号公告
12	呋喃苯烯酸钠及制剂		
13	硝基酚钠及制剂		
14	硝呋烯腙及制剂		
15	安眠酮及制剂		
16	林丹	丙体六六六	农业部第193号公告 农业部第235号公告 农业部31号令
17	毒杀芬	氯化烯	
18	呋喃丹	克百威	
19	杀虫脒	克死螨	
20	双甲脒	二甲苯胺脒	
21	酒石酸锑钾		农业部第193号公告 农业部第235号公告
22	锥虫胂胺		农业部第193号公告 农业部第235号公告 农业部31号令
23	孔雀石绿	碱性绿、 盐基块绿、 孔雀绿	
24	五氯酚酸钠		
25	氯化亚汞	甘汞	
26	硝酸亚汞		
27	醋酸汞	乙酸汞	农业部第193号公告 农业部第235号公告
28	吡啶基醋酸汞		
29	甲基睾丸酮及其盐、酯及制剂	甲睾酮	农业部第193号公告 农业部第235号公告 农业部31号令

（续）

序号	药物名称	别名	引用依据
30	丙酸睾酮及其盐、酯及制剂		农业部第193号公告
31	苯丙酸诺龙及其盐、酯及制剂		
32	苯甲酸雌二醇及其盐、酯及制剂		
33	氯丙嗪及其盐、酯及制剂		农业部第193号公告 农业部第176号公告
34	地西泮及其盐、酯及制剂	安定	
35	甲硝唑及其盐、酯及制剂		农业部第193号公告
36	地美硝唑及其盐、酯及制剂		
37	洛硝达唑		农业部第235号公告
38	群勃龙		
39	地虫硫磷	大风雷	农业部31号令
40	六六六		
41	滴滴涕		
42	氟氯氰菊酯	百树菊酯、百树得	
43	氟氰戊菊酯	保好江乌、氟氰菊酯	
44	酒石酸锑钾		
45	磺胺噻唑	消治龙	
46	磺胺脒	磺胺胍	
47	呋喃西林	呋喃新	

（续）

序号	药物名称	别名	引用依据
48	呋喃那斯	P-7138	农业部31号令
49	红霉素		
50	杆菌钛锌	枯草菌肽	
51	泰乐菌素		
52	环丙沙星	环丙氟哌酸	
53	阿伏帕星	阿伏霉素	
54	喹乙醇	喹酰胺醇 羟乙喹氧	
55	速达肥	苯硫哒唑 氨甲基甲酯	
56	硫酸沙丁胺醇		农业部第176号公告
57	莱克多巴胺		
58	盐酸多巴胺		
59	西马特罗		
60	硫酸特布他林		
61	雌二醇		
62	戊酸雌二醇		
63	苯甲酸雌二醇		
64	氯烯雌醚		
65	炔诺醇		
66	炔诺醚		
67	醋酸氯地孕酮		
68	左炔诺孕酮		
69	炔诺酮		

（续）

序号	药物名称	别名	引用依据
70	绒毛膜促性腺激素	绒促性素	农业部第176号公告
71	促卵泡生长激素		
72	碘化酪蛋白		
73	苯丙酸诺龙及苯丙酸诺龙注射液		
74	盐酸异丙嗪		
75	苯巴比妥		
76	苯巴比妥钠		
77	巴比妥		
78	异戊巴比妥		
79	异戊巴比妥钠		
80	利血平		
81	艾司唑仑		
82	甲丙氨脂		
83	咪达唑仑		
84	硝西泮		
85	奥沙西泮		
86	匹莫林		
87	三唑仑		
88	唑吡旦		
89	其他国家管制的精神药品		
90	抗生素滤渣		

（续）

序号	药物名称	别名	引用依据
91	沙丁胺醇及其盐、酯及制剂		
92	呋喃妥因及其盐、酯及制剂		
93	替硝唑及其盐、酯及制剂		农业部第560号公告
94	卡巴氧及其盐、酯及制剂		
95	万古霉素及其盐、酯及制剂		
96	洛美沙星、培氟沙星、氧氟沙星、诺氟沙星4种原料药的各种盐、酯及其各种制剂		农业部第2292号公告

附录B　渔药使用方法

渔药名称	用途	用法与用量	休药期/天	注意事项
氧化钙（生石灰）	用于改善池塘环境，清除敌害生物及预防部分细菌性鱼病	带水清塘：200~250毫克/升（虾类：350~400毫克/升） 全池泼洒：20~25毫克/升（虾类：15~30毫克/升）		不能与漂白粉、有机氯、重金属盐、有机络合物混用
漂白粉	用于清塘、改善池塘环境及防治细菌性皮肤病、烂鳃病、出血病	带水清塘：20毫克/升 全池泼洒：1.0~1.5毫克/升	≥5	1. 勿用金属容器盛装 2. 勿与酸、铵盐、生石灰混用

（续）

渔药名称	用途	用法与用量	休药期/天	注意事项
二氯异氰尿酸钠	用于清塘及防治细菌性皮肤溃疡病、烂鳃病、出血病	全池泼洒：0.3~0.6毫克/升	≥10	勿用金属容器盛装
三氯异氰尿酸	用于清塘及防治细菌性皮肤溃疡病、烂鳃病、出血病	全池泼洒：0.2~0.5毫克/升	≥10	1. 勿用金属容器盛装 2. 针对不同的鱼类和水体的pH，使用量应适当增减
二氧化氯	用于防治细菌性皮肤病、烂鳃病、出血病	浸浴：20~40毫克/升，5~10分钟 全池泼洒：0.1~0.2毫克/升，严重时0.3~0.6毫克/升	≥10	1. 勿用金属容器盛装 2. 勿与其他消毒剂混用
二溴海因	用于防治细菌性和病毒性疾病	全池泼洒：0.2~0.3毫克/升		
氯化钠（食盐）	用于防治细菌、真菌或寄生虫疾病	浸浴：1%~3%，5~20分钟		
硫酸铜（蓝矾、胆矾、石胆）	用于治疗纤毛虫、鞭毛虫等寄生性原虫病	浸浴：8毫克/升（海水鱼类：8~10毫克/升），15~30分钟 全池泼洒：0.5~0.7毫克/升（海水鱼类：0.7~1.0毫克/升）		1. 常与硫酸亚铁合用 2. 广东鲂慎用 3. 勿用金属容器盛装 4. 使用后注意池塘增氧 5. 不宜用于治疗小瓜虫病

（续）

渔药名称	用途	用法与用量	休药期/天	注意事项
硫酸亚铁（硫酸低铁、绿矾、青矾）	用于治疗纤毛虫、鞭毛虫等寄生性原虫病	全池泼洒：0.2毫克/升（与硫酸铜合用）		1. 治疗寄生性原虫病时需与硫酸铜合用 2. 乌鳢慎用
高锰酸钾（锰酸钾、灰锰氧、锰强灰）	用于杀灭锚头鳋	浸浴：10~20毫克/升，15~30分钟 全池泼洒：4~7毫克/升		1. 水中有机物含量高时药效降低 2. 不宜在强烈阳光下使用
四烷基季铵盐络合碘（季铵盐含量为50%）	对病毒、细菌、纤毛虫、藻类有杀灭作用	全池泼洒：0.3毫克/升（虾类相同）		1. 勿与碱性物质同时使用 2. 勿与阴性离子表面活性剂混用 3. 使用后注意池塘增氧 4. 勿用金属容器盛装
大蒜	用于防治细菌性肠炎	拌饵投喂：10~30克/千克体重，连用4~6天（海水鱼类相同）		
大蒜素粉（含大蒜素10%）	用于防治细菌性肠炎	0.2克/千克体重，连用4~6天（海水鱼类相同）		
大黄	用于防治细菌性肠炎、烂鳃病	全池泼洒：2.5~4.0毫克/升（海水鱼类相同） 拌饵投喂：5~10克/千克体重，连用4~6天（海水鱼类相同）		投喂时常与黄芩、黄柏合用（三者比例为5∶2∶3）

（续）

渔药名称	用途	用法与用量	休药期/天	注意事项
黄芩	用于防治细菌性肠炎、烂鳃病、赤皮病、出血病	拌饵投喂：2~4克/千克体重，连用4~6天（海水鱼类相同）		投喂时需与大黄、黄柏合用（三者比例为2∶5∶3）
黄柏	用于防治细菌性肠炎、出血病	拌饵投喂：3~6克/千克体重，连用4~6天（海水鱼类相同）		投喂时需与大黄、黄芩合用（三者比例为3∶5∶2）
五倍子	用于防治细菌性烂鳃病、赤皮病、白皮病、疖疮病	全池泼洒：2~4毫克/升（海水鱼类相同）		
穿心莲	用于防治细菌性肠炎、烂鳃病、赤皮病	全池泼洒：15~20毫克/升 拌饵投喂：10~20克/千克体重，连用4~6天		
苦参	用于防治细菌性肠炎、竖鳞病	全池泼洒：1.0~1.5毫克/升 拌饵投喂：1~2克/千克体重，连用4~6天		
土霉素	用于治疗肠炎、弧菌病	拌饵投喂：50~80毫克/千克体重，连用4~6天（海水鱼类相同，虾类：50~80毫克/千克体重，连用5~10天）	≥30（鳗鲡） ≥21（鲶鱼）	勿与铝、镁离子及卤素、碳酸氢钠、凝胶合用

（续）

渔药名称	用途	用法与用量	休药期/天	注意事项
噁喹酸	用于治疗细菌性肠炎、赤鳍病，香鱼、对虾弧菌病、鲈鱼结节病、鲱鱼疖疮病	拌饵投喂：10~30毫克/千克体重，连用5~7天（海水鱼类：1~20毫克/千克体重；对虾：6~60毫克/千克体重，连用5天）	≥25（鳗鲡） ≥21（鲤鱼、香鱼） ≥16（其他鱼类）	用药量视不同的疾病有所增减
磺胺嘧啶（磺胺哒嗪）	用于治疗鲤科鱼类的赤皮病、肠炎，海水鱼链球菌病	拌饵投喂：100毫克/千克体重，连用5天（海水鱼类相同）		1. 与甲氧苄氨嘧啶（TMP）同用，可产生增效作用 2. 第一天药量加倍
磺胺甲噁唑（新诺明、新明磺）	用于治疗鲤科鱼类的肠炎	拌饵投喂：100毫克/千克体重，连用5~7天	≥30	1. 不能与酸性药物同用 2. 与甲氧苄氨嘧啶（TMP）同用，可产生增效作用 3. 第一天药量加倍
磺胺间甲氧嘧啶（制菌磺、磺胺-6-甲氧嘧啶）	用于治疗鲤科鱼类的竖鳞病、赤皮病及弧菌病	拌饵投喂：50~100毫克/千克体重，连用4~6天	≥37（鳗鲡）	1. 与甲氧苄氨嘧啶（TMP）同用，可产生增效作用 2. 第一天药量加倍
氟苯尼考	用于治疗鳗鲡爱德华氏病、赤鳍病	拌饵投喂：10.0毫克/(天·千克体重)，连用4~6天	≥7（鳗鲡）	

（续）

渔药名称	用途	用法与用量	休药期/天	注意事项
聚维酮碘（聚乙烯吡咯烷酮碘、皮维碘、PVP-1、伏碘）（有效碘1.0%）	用于防治细菌性烂鳃病、弧菌病、鳗鲡红头病；并可用于预防病毒病，如草鱼出血病、传染性胰腺坏死病、传染性造血组织坏死病、病毒性出血败血症	全池泼洒：海、淡水幼鱼、幼虾为0.2～0.5毫克/升；海、淡水成鱼、成虾为1～2毫克/升；鳗鲡为2～4毫克/升 浸浴：草鱼种为30毫克/升，15～20分钟；鱼卵为30～50毫克/升（海水鱼卵：25～30毫克/升），5～15分钟		1. 勿与金属物品接触 2. 勿与季铵盐类消毒剂直接混合使用

注：1. 用法与用量栏未标明海水鱼类与虾类的均适用于淡水鱼类。

2. 休药期为强制性。

参考文献

[1] 倪勇，伍汉霖．江苏鱼类志［M］．北京：中国农业出版社，2006.

[2] 杨发群，周秋白，张燕萍，等. 水温对黄颡鱼摄食的影响［J］. 淡水渔业，2003（05）：19-20.

[3] 刘炜，周国勤，茆健强. 黄颡鱼繁殖生物学及苗种培育研究进展［J］. 江苏农业科学，2013，41（08）：220-222.

[4] 杨彩根，宋学宏，王志林，等. 澄湖黄颡鱼生物学特性及其资源增殖保护技术初探［J］. 水利渔业，2003（05）：27-28.

[5] 宋学宏，陈祖培，王志林，等. 黄颡鱼当年幼鱼的生长特性［J］. 水利渔业. 2003（04）：3-5.

[6] 徐盼盼，宋悦，陈娟娟，等. 基于脂质代谢组学研究褐藻糖胶对黄颡鱼幼鱼的影响［J］. 分析化学，2017，45（05）：641-647.

[7] 刘炜，周国勤，陈树桥，等. "黄优 1 号" 杂交黄颡鱼规模化繁殖技术及提高繁殖效率的方法［J］. 科学养鱼，2019（10）：6-9.

[8] 郭春阳，邱红，梁雄培，等. 黄颡鱼幼鱼对饲料中维生素 C 的需要量［J］. 动物营养学报，2015（10）：3067-3076.

[9] 邱红，黄文文，侯迎梅，等. 黄颡鱼幼鱼的赖氨酸需要量［J］. 动物营养学报，2015，7（10）：3057-3066.

[10] 谢满华，李珺，李自宝. 黄颡鱼全雄 1 号苗种培育试验研究［J］. 现代农业科技，2015（14）：261，271.

[11] 孙浩波，李平年，刘炜，等. 黄颡鱼夏花培育技术要点及注意事项［J］. 科学养鱼，2013（6）：7-8.

[12] 唐忠林，周国勤，茆健强，等. 黄颡鱼与瓦氏黄颡鱼的规模化杂交繁殖［J］. 江苏农业科学，2016，44（10）：303-305.

[13] 唐忠林，茆健强，周国勤，等. 精子保存方法在黄颡鱼规模化繁殖中的应用［J］. 江苏农业科学，2015，43（08）：226-228.

[14] 唐忠林，茆健强，周国勤，等. 黄颡鱼工厂化育苗技术［J］. 江苏农业科学，2015，43（11）：326-327.

[15] 唐忠林，茆健强. 温室培育黄颡鱼一龄鱼种试验［J］. 科学养鱼，2015（09）：6-7.

[16] 朱浩，刘兴国，刘文斌，等. 水生植物对黄颡鱼养殖水体的净化效果［J］. 江苏农业科学，2011（03）：517-521.

[17] 高帆. 池塘主养黄颡鱼 80：20 养殖模式及技术［J］. 水产养殖，2011

（06）：42-43.
［18］李仁云. 温度对全雄黄颡鱼日维持蛋白质需要量的影响［J］. 现代商贸工业，2011（04）：288.
［19］贺宝祥，沈金法，胥晓红. 翘嘴红鲌、黄颡鱼等多品种高产高效立体混养模式［J］. 科学养鱼，2011（08）：31.
［20］黄爱华，潘跃权. 黄颡鱼养殖使用微孔增氧技术与机械增氧的效果比较［J］. 水产养殖，2011（03）：1-3.
［21］李文杰，朱菲莉，赵昌喜，等. 黄颡鱼养殖过程中常见病害及其防治［J］. 水产养殖，2011（08）：49-51.
［22］李成，张善忠，林巧. 黄颡鱼斜管虫和杯体虫病的防治［J］. 安徽农业科学，2011（15）：9302-9304.
［23］熊良伟，朱怀南，郭耀，等. 黄颡鱼池塘养殖人工驯食技术［J］. 科学养鱼，2011（10）：67.
［24］毕靖红，陈爱萍. 黄颡鱼的苗种运输及注意事项［J］. 科学养鱼，2011（04）：81.
［25］陈曦飞，许洁，艾春香. 黄颡鱼的营养需求研究与配合饲料研发［J］. 饲料工业，2011（10）：48-51.
［26］宋文华，张涛，李赫，等. 黄颡鱼红头病的组织病理研究［J］. 河北渔业，2011（07）：16-19.
［27］刘广根，廖娱庆，廖再生. 水库小体积网箱培育黄颡鱼鱼种试验［J］. 科学养鱼，2010（09）：11.
［28］代国庆，骆小年，徐忠源，等. 黄颡秋片鱼种培育技术［J］. 中国水产，2010（12）：43-44.
［29］陈骋，熊晶，左永松，等. 饲料中不同维生素 E 添加量对黄颡鱼幼鱼生长性能及免疫功能的影响［J］. 中国水产科学，2010（03）：521-526.
［30］于丹，唐瞻阳，麻艳群，等. 饲料脂肪水平对江黄颡鱼幼鱼生长性能的影响［J］. 水产养殖，2010（09）：20-25.
［31］施海涛，蔚明燕. 配合饲料养殖黄颡鱼的转食驯化方法［J］. 科学养鱼，2011（08）：65.
［32］刘行彪，付熊，吴晗冰，等. 黄颡鱼营养学的研究进展［J］. 水产学杂志，2011，24（1）：55-59.
［33］赵宁宁，徐世宏，李勇，等. 蛋白质和脂肪对工业培育黄颡鱼仔稚鱼生长和生理因子的影响［J］. 水产学报，2017（02）：271-284.